U0155257

万物演化中的物理学

[美] 阿德里安·比赞 / 著

王志宏　吴育慧 / 译

何飞 / 审订

为什么
世界
不会失控

北京联合出版公司
Beijing United Publishing Co.,Ltd.

推荐人

比赞的《为什么世界不会失控：万物演化中的物理学》可能是迄今为止最全面讲解演化的书，不仅回到了对自然知识学科的原本定义，更得出了最终结论：生命和演化都是物理学。

——美国《国家地理》

作者凭借独特的物理学观点，并运用了革命性的新方法，让读者能够以全新的视角，理解身处的大千世界，无论是自然、人类，还是政治或文化。本书写作熟练灵巧，无论是专家还是普通人都会被其深深吸引，非常值得一读。

假如你喜欢贾雷德·戴蒙德（Jared Diamond）的生物学相关著作，或史蒂芬·霍金（Stephen Hawking）的宇宙学，那么你一定会爱上这本书。

——《纽约时报》畅销书作者
杰夫里·迪弗（Jeffery Deaver）

这本书迷人且蕴有诗意，内容独特且吸引人，在你读完后不仅会有余音绕梁之感，还会促使你以全新的视角看待这个世界。

——《科克斯评论》星级书评

比赞的这部作品内容独特，且不时闪现出智慧的火花。

——《出版人周刊》

借由本书所带来的演化的确定性，我们会在众声喧哗的迷茫地带，找到充满希望的讯息：未来将是有建设性的、具有开放性的，而我们对此将深信不疑。本书超越达尔文的《物种起源》，且足以与《数学原理》相比拟。

——《 *Remaking the City Street Grid*》作者
Fanis Grammenos

凡是对于财富、幸福、自由、体育、政治、城市、市场、物理学、生物学，或是对生命本身有兴趣的人，都会发现这是一本启发人心的好书。随手翻阅书中的任何一页，都能发现对于某个重要知识领域的迷人见解。这本书能让你过得更好。

——畅销书《投机客养成教育》作者
维克多·尼德霍夫（Victor Niederhoffer）

生存或是死亡，这并不是重点所在。生命是自然界俯拾皆是的现象，广义来说，能自由改变的"运动"都可视为生命。每一次移动、流动或是冲撞都展现出更容易运动的趋势，并通过改变运动的结构、路径和节奏来保证持续运动。无论是在有生命的还是无生命的领域，这样的演进过程与运动的终结（死亡）都是自然的。

问题在于从物理学的角度来看，生命是什么？为什么会存在生命、死亡以及演化？

我会在《为什么世界不会失控》这本书中回答这个问题。事实上，如果我不知道答案，我甚至无法清楚地表达"生命是什么"这个问题。简单来说，每一个自发进行的事件，在每一个地方以及每一时刻都是属于大自然的（希腊文中的自然就是物理）。通过人类平凡而渺小的视角，每一样事物都遵循着物理定律。这里所说的物理

定律，人们多半在中学时代已经学过，这些定律即便是不同时代的
人也能理解。

在大自然中，除非被推动或被拉动，否则原本静止的东西是不
会运动的。无数个来自自然界的"引擎系统"生成了运动的能量，
而这些引擎所需的燃料以多种不同的形式存在，例如食物供给动物，
汽油供给汽车，太阳能供给大气与海洋环流，以及地球上所有水的
循环。一旦运动开始，动力就会立刻耗散——能量会因"刹车系统"
而耗散，进入并影响原先试图阻止运动的周围环境。引擎系统和刹
车系统是两种和地球一样古老，存在于大自然中的概念。

生命和演化的现象，其实是能量的产生和耗散如何共同促进地
球上所有物体的运动，包括有生命的和无生命的，诸如河流、风、
动物、人类和机器。这是一种独特的现象，同时也是物理学的第一
原理，也就是"建构定律"[1]。

若要从物理的角度来探究生命问题，就要在达尔文对生命的描
述中注入物理的理论。在那些主流描述中，物理学是缺失的。

让我们来看看为什么需要将物理学纳入讨论。某些东西在一个
区域内移动并扩散（例如动物、瘟疫、河流、矿物开采或是新闻），
它们的扩散过程符合著名的 S 形曲线现象（S-curve phenomenon）：
一开始，增长得很慢，随后变快，最后又趋于缓慢。一些已存在的
范例说明了 S 形曲线现象来自于竞争、生存与资源的争夺、繁殖率、

---

1 编者注：也可以翻译成构造定律。

地域性和机会等等。但这是根据物理学的哪个定律呢？生存与资源的争夺、繁殖率和三角洲流域附近的支流分布、雪花的形状，或是一篇科学期刊的引用次数之间到底有着怎样的关系？

从物理的角度切入，生命和演化的现象乍一看似乎与直觉相悖。关于地球生命的未来，与其认为最后会消亡，不如来看物理学的"建构定律"提供的另一个相对乐观的看法，这也是我为何要写这本书的理由。下面让我来举些例子。

这个世界的能量和水是不会用完的。撒哈拉沙漠拥有充足的太阳能，而刚果则有充沛的降雨。为了可以持续运动（或者说，达到可持续生存），这个世界需要将有用的能量和可饮用的水，顺利导入人类的居住地。这意味着在缺乏电力的地方需要建设各种各样的电厂，而干旱的土地则需要不含盐分的水。

没有人愿意减少燃料的消耗，因为没有人喜欢贫穷胜过富裕，也没有人喜欢死亡胜过生命。争辩消耗燃料对环境的不利影响，就等于争辩要减缓运动，也就是削减生命本身。

燃料一向以特定的阶层结构在消耗，而这种阶层结构在运动中随处可见，从流域到全球空中运输，都是以阶层结构组织的，都是少数大的（河道或飞机）带动多数小的一起流动。

在地球上，任何事物运动形式的演进，包括人类的，都会自然趋向阶级分层的结构。这个世界拥有精妙的结构，其上堆砌着各种阶层结构的"流域"，少数的大渠道伴随着许多的小渠道，它们互相依赖、彼此协助，才能有效、持久地发挥作用。

　　同时具备快、慢的流动方式会优于只有快或慢的单一方式。流速快的是数量少的大渠道，流速慢的则是数量多的小渠道，如此就能有效率地让水流遍布整个区域。我们可以发现这种阶层结构自然而然地出现在各处，包括都市里的交通运输线路、肺部的氧气输送，以及大脑各区产生不同的快慢反应。

　　这个世界并未失控，为什么？因为在一个有限范围内，每一个正在扩展的流动现象都注定会遵守 S 形曲线的成长。初期，流动的扩展速度较慢，到了成长时期，扩展的速度会变快，但最后成熟期的扩展速度又会下降。在任何流动的扩展过程中，都不会出现"指数"或"爆炸"型的增长。

　　世界的复杂性并不会在发展中逐渐失控。因为复杂性是稳定且可预测的，就如人类肺部的 23 根支气管。当然，越大的肺部或越大的流域也会显得越复杂，因为它们的阶层建构在更大的空间内。纽约市的交通运输比英国杜伦市的交通复杂得多，但是这些复杂的交通并未失控；如果真的失控了，其中的任何一种流动，无论大小都会终结。

　　物体的尺寸大小关乎速度、效率，以及更长久的生命，这在许多事物的运动中都能见到：动物、飞机、河流、气流、滚动的石头和漩涡，我们在各种技术与体育运动中都目睹了这样的演化过程。举例来说，如今的商用飞机已经演化得像鸟一样：更重的飞机会配备更大的引擎，并能负载更多的燃料，机翼和机身趋向等长，飞行距离和飞行时间都会更长，并且机身也更大。

在田径运动中，身材较高的运动员在如今的 100 米赛跑中更占优势，因为他们的步伐更大，能更快冲过终点。尤赛恩·博尔特（Usain Bolt）[1] 和河马有着相似的冲刺速度，正是由于他们的高度大致接近。

但尺寸大小并不是演化的唯一趋势。在短跑比赛中，除了步伐大小，高频的步伐也是另一项优势。而长跑比赛中，相反的演化趋势（身材较矮的运动员）才是迈向胜利之道。从物理学的观点来看，这些相互矛盾的演化趋势都是可预测的。

城市的持续发展也是经过自然设计，并不是随机发展的，并且它们的特征（时间、地点和大小）是可以被物理定律预测的：大街与小巷，高速公路与环状道路。城市的建设就像人类那些不知不觉间开展的设计：火、交通工具、语言、创作、科学、法律、金钱、沟通以及可持续性，它们都便利了人类的生活。

好的想法可以被广泛传播，并且会持续地流传下去。所以，这些持续演变、流动的设计就意味着"好"。因此想要评估一个有关物理度量的想法有多好，只要观察在具体实践时，通过当时该地流动设计的演化与改变，能够增加多少人类活动就知道了。

就物理学的观点而言，知识包含了想法和行动；优秀设计的试

---

1 编者注：尤塞恩·博尔特，1986 年 8 月 21 日生于牙买加特里洛尼，牙买加田径运动员，退役后成为足球运动员，2008 年、2012 年、2016 年奥运会男子 100 米、200 米冠军，男子 100 米、200 米世界纪录保持者。

金石就是实践，到最后，好用的才会留下来。这就是为什么好的改变会自然而然地扩展开来，这是演化的本质，也是演化永不停歇的理由。

生命和演化都属于物理学的范畴。与过往的生物学相比，地球上的这些现象比我们想象的更加广泛和重要。作为最有用的科学，例如牛顿第二定律和热力学定律，物理学能解释地球上所有可以预见的状况，这是无可辩驳的。这就是包含生命与演化的物理学。

我很确定你已经了解了生命与演化的物理观点，但也许是以不同的名词呈现：比如自我组织（self-organization）、自我优化（self-optimization）、自然选择、自我润滑（self-lubrication）、涌现（emergence）等等。我更确定你还没意识到，自己所知道的概念是普遍成立的（具有普适性）。以物理学的观点来看，这类自我的、天然的、涌现的过程，都明确指向同一个现象，可以总结为"建构定律"。

而我鼓励你们，说出并写下你们心中的想象，来完成这本书中所描绘的景象。

阿德里安·比赞（Adrian Bejan）

2016 年 3 月

目录
CONTENTS

Chapter 1

生命问题

The Life Question

从物理学的角度来看，
有利于生命的运动变化，
就是生命的演化。

生命是什么？这是一个具有重大意义的问题。1944 年，奥地利的诺贝尔物理学奖得主埃尔温·薛定谔（Erwin Schrodinger）在其著作《薛定谔生命物理学讲义：生命是什么？》（*What is Life? With Mind and Matter and Autobiographical Sketches*）中，勇敢地尝试回答了这个问题，而这本书的出发点则是活细胞的基因学和生物学。"生命是什么"对哲学家和科学家来说都是个古老且令人困惑的问题。几个月前，美国科学作家费里斯·贾布尔（Ferris Jabr）在《纽约时报》（*The New York Times*）上发表文章，表示科学没有办法回答这个基本问题。"生命是什么？科学无法告诉我们……科学家们一直在努力给生命提供一个精确且普遍可以为人接受的定义，但都失败了。"他补充道："没有东西是真正活着的。"当然，我并不同意他的论点。

在本书中，我将试着探索生命问题的本质，研究万物运动的特性，及其背后存在的最根本的推动力，而这些运动的过程都能自由地变化。自然涵盖了万物，从无生命的（如河流）到有生命的物质（如动物、人类、社会团体）。早在科学出现之前，这些推动力就一直存在，例如，渴望活得更久，渴望食物、温暖、力量、运动，以及能在生活区域自由通行。我想探究为什么万物都存在"推动力"，为什么这些推动力会自然而然地出现，又为什么会出现在我们之中，以及为什么会出现在能够自由移动与变化的万物之中。

本书要探讨的就是生命的推动力，这是一个生命问题（与其相反的就是死亡，而这是我们试图避免发生的问题）。不同于薛定谔，我会将这个问题明确地放在物理学——万物的科学——的范畴内。

2012 年，我在《大自然的设计》（*Design in Nature*）[1] 一书中，

提到大自然中的组织结构现象及其物理法则。该法则即是我在 1996 年提出的"建构定律"。[2] **根据"建构定律",无论是在有生命还是无生命的领域,生命都是一种可以自由演化的运动。生命是自由变**化的流动结构和节奏,促使流动,并提供更多的运动。**当运动停止时,生命也就停止了;当运动没有变化的自由,并且无法找到更大的通道时,生命便停止了。**

在"建构定律"中,到处都是生命现象,而生命同时包含无生命的范畴(像河流、闪电、雪花、空气的湍流)和有生命的范畴(像动物、植物、社会与技术)。从这个角度来看,生命现象比生物圈的历史还要古老,因为在地球物理学中所探讨的无生命流动,要比生物学探讨的有生命流动更为久远。

生命、组织和演化都是物理的一部分(希腊文 *physika* 意指自然的事物),它们各有其遵守的物理定律。[3] 我明白即便是受过科学教育的人,也很难接受生命是一种物理现象,并且是由各种流动的系统组成——包括非生物、生物及人造系统,它们可以任意地混合并向更容易增长的方向发展。毕竟,"生物学"这个词的意义就是了解生命(希腊文 *bios*),即使是小孩子也能区分生物的运动与非生物的动态(像河流、风、洋流、火山、雪、闪电和地震)之间的差异。

所有物体运动的自然趋势,从物理学的观点来看都是一样的。一个 19 世纪初的孩子会把运货马车和有生命的马匹联系起来;而现在的小孩则会把货车和无生命的汽油、引擎,以及加油时父母所支付的金钱联系起来。而在读完本书之后,未来的小孩会将钱、汽油、马匹和马所需要的燕麦联系起来。

这就是知识演化的方式——科学、技术和物理定律都会成为文化的一部分。那些看起来直观却又被片面理解的知识，将逐渐成为一个更大、更简单的集合体。每个新时代的孩子长大之后，都会成为更有知识的父母和老师，同时会渐渐忘记无知与零散的过往。知识具有传染力，并且能自然地散播出去。艺术和科学对我来说没有什么不同，都是一种动态的图像，二者拥有相同的内在乐趣，无论是创作一件充满启发的艺术品，还是提出深刻的科学思想，触发一连串的心灵图像。在类别上，科学家与艺术家可以归属为同一类。

自由改变形态的运动是一种宏观现象，一个在运动的实体是相对于一个没有在运动的环境而言的。"运动"具有一种清晰可见的相对性，我们这些观察者赋予了这样的运动许多名称，比如组织、系统、配置、设计、构造、改变、演化。这些名称是我们的大脑能够理解的，因为它们如同我们感官所反映的事物一样，非常频繁地出现在大脑中。

十分有趣的是，看不到的分子、原子、亚原子粒子，无法在宏观的生命现象中展现，要描述它们的随机、不规则的布朗运动[1]，与描述河流的路径、肺中的气流、城市和航空交通是不一样的。

在本书中，我将进一步探讨《大自然的设计》中出现的参数背后更深层的意义。这诸多例证能帮助你了解在现今居住的环境和文化中，生命法则的重要性。这些例子有新有旧，主要来自于地球科学和动物学领域。当它们被放在一起看待的时候，并非如字面上的不同而有所差异，而是作为一个整体，因为自然界的生命现象就是一个整体。我会解释"建构法则"如何影响维持生命的演化设计：

---

1 编者注：布朗运动（Brownian Motion）是指微小粒子表现出的无规则运动。

能量的产生和使用、运输、技术的演进、新思想的传播、设备、知识、财富以及更好的政府。

当我完成《大自然的设计》一书时，最有趣的发现（也是燃起我撰写本书的火花）是全球的航空交通运输地理分布具有非常鲜明的阶层结构（图1.1）。尽管航空交通连接着全球所有的人口聚居区（就像大脑的皮层），但大部分空中运输都位于北大西洋上空。

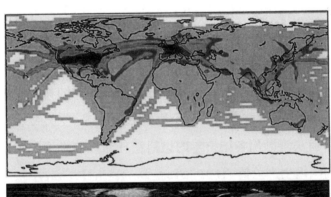

▲ 图1.1　人类航空交通运输的世界地图

上图：1992 年飞机航线分布图（未显示极短航线），改编自 Springer: K. Gierens, R. Sausen and U. Schumann, "A Diagnostic Study of the Global Distribution of Contrails, Part 2: Future Air Traffic Scenarios," Theoretical and Applied Climatology 63 [1999]:1-9.

下图：现今人类航空交通运输的世界地图（经欧洲航天局许可，"Proba-V Detecting Aircraft," January 5, 2015, © ESA/DLR/SES）。

人类的活动刻画了地理和历史，宛如各条河流集合而形成的流域，遍布少数的大型主干与众多的支流，塑造着时常变动的世界地图。这当中就隐含了阶层结构。而我会从物理学的观点出发并这样思考，缘于麻省理工学院带给我的难忘教育，考虑到空中运输必然依靠飞机引擎消耗燃油。没错，航空交通运输量的阶层差异会反映在使用的燃料量上，同时也有着属于自己的世界地图。几个燃料消费大户和许多小型消费者，共同将航空交通的流动散布到全球人类居住的区域。整体来说，阶层化的运输量有利于所有运动的个体。

当人们经济富足时，才会去旅行。由此我们可以迅速发现交通和燃料消耗的地理分布，阐明了全球的经济发展。横跨北大西洋的航空运输桥梁的两侧已经稳妥地建立起来（两侧的交流也有相当长的历史），而这两侧就是世界两个最先进的区域——西欧和北美。这就是我为何决定画出各国一年的燃料消耗与经济发展的关系图［根据一年的国内生产总值 (GDP, Gross Domestic Product)］。

这个结果显示于图 1.2，可以很清楚地看出燃料消耗和"富裕"之间成正比。燃料消耗属于实体的物质（可以测量燃料的重量和燃烧时产生的能量），但富裕和经济学上经常使用的概念（例如效用、金钱概念、变得更好）并不是实体；看来经济也属于物理学的范畴，因为物理学的领域包含了有实体和没有实体的部分。

于是我进一步发现，一个国家燃料的年消耗量，远超该国航运所需。消耗掉的燃料驱动了所有在移动、冲撞、加热与冷却的事物，换句话说，消耗的燃料推动了整个社会，让它们有了生机并且能够持续。为什么这里要说"正在'动'的万物"？因为一个国家的财富情况（GDP），显然与燃料消耗速度成正比，而燃料的消耗正是事

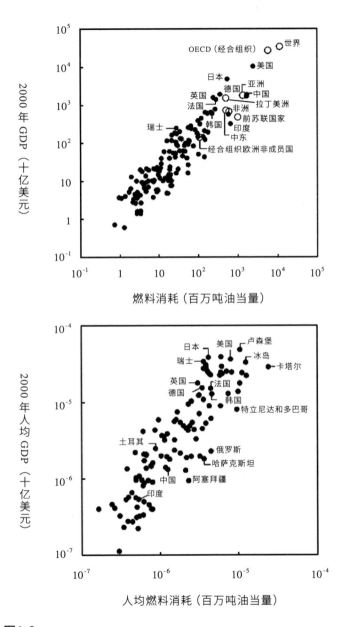

▲ 图1.2

财富即代表运动能力。经济活动反映在所消耗的燃料上，图中为全球不同区域与国家的国内生产总值与其燃料年消耗量的关系。〔资料来源：国际能源总署（Key World Energy Statistics），2006. Copyright 2016 by Adrian Bejan〕

物能够在一个社会中生存、移动和改变的原因。

当我画下图 1.2 时，之前困扰我的问题突然在脑中浮现出清晰的答案。举例来说，为什么所有国家都沿着相同的直线向上发展？为什么美国目前是领先者？美国人并不比其他国家的人更聪明；事实上，大部分美国人都是其他国家人的后裔。

为什么每个个体或团体都渴望变得"富裕"？

答案可以归纳为一个单一的事实，那就是对于能自由自在运动的人或物而言，都倾向拥有更多的自由来持续运动。这代表在图 1.2 中，这些黑点一定会往右边移动，消耗更多的燃料，而非更少。没有人愿意减少燃料的消耗，因为没有人喜欢贫穷胜过富裕，或是喜欢死亡胜过生命。

这就是写作本书的动机。在我脑海中出现的声音，即 GDP 和燃料消耗之间的关系，开始让我质疑科学家、权威者、政治家以及大众认为显而易见的观点，也让我能将所有的答案置于一把科学之伞下。

本书将揭示出一个默默隐藏在科学中的真理：**当科学与我们自身相关，并能为我们所用时，它会变得十分有趣。这就是为何本书中的想法都是关于人们所需要的事物以及如何获得，并且如何为人类构建更好的未来。**

这本书源自于一个显而易见的观点：**每个动物和人类都想拥有能量**，在吃或是消费的欲望上就能体现出来。由图 1.2 所展示的趋势可见，动物需要食物，而交通工具与机械则需要燃料。在第四章"技术的演化"中我将会提及，食物就是能量，以物理学的观点来看，就是单位时间所使用的"有效能量"（exergy）。能量可以使物体运动，例如身体的运动、身体内部的运动（血液和空气的流动）、外部的流流（运动、迁徙和运输）。而我们可以使用工具来确保自己的安全与舒适——温暖的环境、可饮用的水源、身体的健康，以及打造安全的道路与桥梁，让我们在驾车或行走时不会断裂。

在讨论人类与机器时，我使用了"机器"一词，在此需要稍微解释一下，这个词和汽车、发电厂、冰箱和制造业没有关系。这里的"机器"的意思源自于最古老的含义，也就是"发明"（古希腊文为 mihani），或者是一种让人类的力量更有效率发挥的精巧方法。每一件和我们有关的物品都是一种发明，比如衬衫、收成的粮食、从动物或是电源插座所获得的能量。事实上，随着时代变迁，新的发明让我们更有能力、更强壮、更长寿。"机器"的概念不应该局限或混淆于那些让我们的能力延伸的机器上。

人类存在之时，机器就存在。它一开始就以力学和机械的形式持续地存在，就和几何学一样古老。"机器"这个词本身便属于物理学的领域，因为机器是有形的，类似"智人"（sapiens，智慧、感知）一词，但更为真实和可测量。文字有其意义，特别是在科学中。

地球文明的发展与传播，可以视为越来越多的个体都在做功，造成整体运动状态的提升。从能量的制造和消耗（从驯养的动物到农奴，风车、水车一直到蒸汽引擎）或是生命传播的演进（例如个人自由、健康、解放、富裕以及赋予权利），就可以看出这一点。在演进的过程中，我们渴求更多的改变，而当这些改变有利于我们运动时，它们就和我们形影不离。从物理学的角度来看，这便是生命的演化。

每个人都想获得更高的能量而非更少，于是每个人和其他人合作，以获得更高的能量。合作本身就是一种运动，因为合作（collaboration）的英文词根 labor 就是劳动、做功的意思，并且做功包含运动（做功＝力 × 运动距离）。合作是组织背后的驱动力，依照共同目的流动，加上改变的自由度，这两者就是生命的本质。当流动的实体可以自由改变时，就会不停地左右转向，以找到更好的流动方式。流动本身随着时间会演变成更好的流动状态。就物理学的观点而言，这就是可持续性。

从热力学的概念来看，生命是非常清楚且容易理解的，其反义词就是死亡。热力学对于死亡状态的定义非常完备，可被叙述为一个系统（物质与空间中的某区域）的状态和周围环境达成完全的平衡。举例来说，在死亡的状态下，系统的压力、温度和周遭环境的压力、温度一致。死亡状态指的是"没有任何运动"，无论是系统还是系统内部。

而相对于死亡状态的，也就是我现在要定义的，被称为存活的状态。存活状态的系统并未与周围处于平衡。系统内外及系统与环境之间存在着不同的温度与压力（以及其他的性质），因此系统处于来回推拉、加热和冷却中。系统包含了流动，以及最重要的——组织结构。系统是以集体的方式移动，并可自由地在移动和流动时变化形式。

活着的系统具有流动、组织结构、改变和演化的特征，一旦这些特征出现，就可以区别出系统是活着的，还是死亡的状态。

生命即是运动，如果两者同时发生就需要做功；而做功需要食物，食物则由做功而来——人类的劳动、肉食性动物的狩猎以及草食性动物的逐水草而居。劳动、狩猎和逐水草而居，这些词汇道出

了**生命即是做功**。这是纯粹的物理学观点，但为什么这样的观点会如此重要呢？因为这个观点对于我的职业——教育十分重要。许多与我同时代的老师，都教导年轻学子关于生命的知识比生命与做功间的关系更重要。对于身处富裕社会的孩子来说，食物比在世界其他地方更容易得到，在这里可以用少量的金钱轻易地获取食物。然而以更宽广的格局来看，为了让全世界人类的运动得以持续地进行下去，需要消耗的食物和其他所需（如加热、冷却、干净的水），只能通过做功来运送。

对于我们每个人来说，生命就像一场个人电影，或者说一场严格意义上的个人秀，每个人同时担任编剧、导演、制片人、演员、观众以及评论家，并在录像的过程中不断地完善情节。在这样的个人电影中，情节完善和录制方向一致，而完善的目的是使电影尽可能地越来越长。

这部电影有开始，也有结束。在开始之前没有任何东西可观赏，在结束后也一样。有些人因经历医疗手术而短暂失去意识，就像电影剧本包含了一段或更多的中场休息，这些中场休息类似于电影开场前或结束后的时间。有鉴于此，我们要做的只有两件事：完善剧本并享受演出。

我们对于生命的理解，往往局限于错误的二分法：自然与人工、有生命与无生命、生物与非生物、天然与培育。**但大部分的人并没有意识到，我们就像滴落到平原上的雨滴，与万事万物并肩流动。**就像水必定会回到空气中，这个过程中会流经许多设计，例如树状流域，放养和迁徙的动物，草地、树木和森林，海浪，沙丘，洋流和气流，由倒下的树木或断枝形成的涡流、漩涡和湍流，流动或不流动的河流下游。**这一切皆是生命。**

共生（symbiosis），是彼此由于互惠互利而共同生活的法则，体现了无处不在的物理生命定律，生物和非生物都是如此。我们可以在两条小河流汇集成一条河流时看到共生，也可以从植物根部的真菌、菌根的网络与土壤的生命和流动中发现共生。每一个社会结构也是共生，因为驱使社会结构形成的动力就源自于利己。

不过，并不是把为数众多且较小的东西合成一个"大"的集合体就是最好的安排。在是大是小、或多或少之间必须达到一种平衡，"大"不见得就是最好的解答。平衡取决于横跨地域（生物、非生物、社会）的有效输送，需要一些大型的输送结构，同时也需要许许多多的小型输送工具。这一类的平衡或者说是阶层结构俯拾皆是，也说明了如何借助各式流动涵盖整个区域的妙方。

组织（或者说"设计"）的发生极其自然。"组织"（organization）这个英文词汇点出了一个事实，就是组织中的器官（the organ）是有生命的。伴随着内部与周围的流动，这些流动属于一个更大的集合体，并在这个世界中变化形态，演进、增长、缩减和移动。合作是一种设计，它来自于每个个体想拥有更自由运动的自私冲动——我们彼此合作，是为了以更优于个体的方式共同流动。这些合作像可以让事物流动的渠道，而这些渠道迎向流动，并与流动混合。渠道并不是"联系"或"网络"，更不是两根或更多钉子中间的细线。

成长并不是演化，虽然这两个词汇都意指结构上的改变和流动，并且可以利用物理定律来预测，但它们是两种不同的现象。**成长是一种非常短暂的时间尺度，且相较于演化是更为特定（有限制和局域性）的现象；而演化在本质上有如漫长史学般古老且具有普遍性。**

在物理定律中，我和我的同事已经证实了成长是一种 S 形曲线现象，也就是一开始成长得很慢，接下来会快速成长，最后则会趋于缓慢且停滞。

非洲南部卡拉哈里沙漠（Kalahari Desert）的河流三角洲，癌症肿瘤，从出生到成长的动物躯体，以及雪花堆叠成冰块的过程，都像一个会随着时间变化而不均匀增长的空间，以慢——快——慢的形式，直到停止（这对应着 S 形曲线上方的终点）。奥卡万戈河三角洲（Okavango River Delta）进入沙漠的时间有数个月，与上游的安哥拉（Angola）雨季时间相当。而另一方面，这个三角洲的演进极其漫长，如渠道的河流随着每年春天雨季来临而对沙漠地表进行侵蚀，这就是演化下的设计。

本书意在探究自然界最基本的观念：**自由度，这是自然界和热力学中最基本也最容易被忽视的特性**。自然界的万物都有变化的自由度，其流动的形态可以转换、变形、演化、拓展与消退，这样组织才会自发产生。没有了改变的自由，便无法产生组织和演化。社会组织、文明和文化是最著名的演化现象，它们说明了这种自由变化、演进的自然趋势。当我们想改进一个设计时，添加许多限制并将之伪装成好想法是没有意义的。在本书中，我将这些争论放在一旁，而专注于物理学——也是解释所有现象的根源。

本书也将技术的演化作为一种自然组织的现象进行探索，和动物、流域或科学的演化并无不同。运输工具消耗燃料并在世界地图上移动，运输工具及其运动都是演化的设计。举例来说，更新型的飞机会更大（图 1.3）、更简化、更轻且效率更高地搭载重物，这种现象与我们在动物演化中看到的相同。[4] 运输工具由许多零件（如果运输工具是动物的话就是器官）组成，这些零件彼此联系并一同流动。之后，我会展示一个器官所需的热与该器官的重量成正比；同理，整个运输工具所需的燃料也与该运输工具的重量——也就是所有"器官"的重量成正比。

任何流动的系统都注定是不完美的，然而系统会持续改变，让整体的流动变得更好也更容易。在这样的演化方向上，其缺陷（内部流动的阻力）会扩散并分布得更均匀，所以越来越多的流动区域感受到的"压力"，和最大"压力"的流动区域一样大。这种有目的

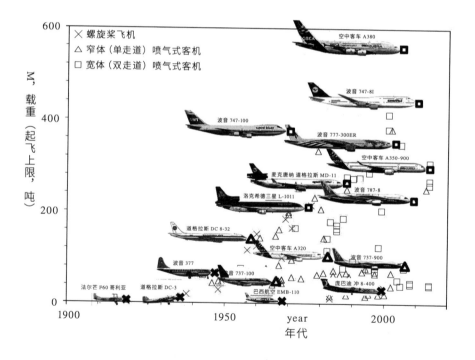

▲ 图1.3

百年来航空业主要机型的演进。(A. Bejan, J. D. Charles and S. Lorente, "The Evolution of Airplanes," Journal of Applied Physics 116 [2014]: 044901. Copyright 2016 by Adrian Bejan)

性的缺陷扩散永不停息，且缺陷的扩散永远不会完全均匀，所以演化也不会结束。

当我们越深入思考流动系统，越会觉得其外观和运作很像某种动物。动物的构造和运动方式曾经是一道难题。从老鼠到蝾螈，再从鳄鱼到鲸鱼，不同动物的身体大小、流动与性能参数之间，存在着非常精确的法则——幂次法则（power laws）[1]。想要了解生命系统中的物理定律，就要将它们视为随着时间改变的流动系统，由能量驱动，有着各种现实尺度的限制，最重要的是有可以改变的自由度以及随时间演化的优化设计。

在万物的设计中，从动物到运输工具，一定要维持流动。**生命就是运动，所有有生命的东西都要借助流动来维持生机**，从河流到步行、跑步、身体的敏捷与反射作用，皆是如此。

这一发现也适用于动物，同时解释了为什么"尺寸"在自然界中如此重要：巨大的动物有巨大的器官，而较小的动物有较小的器官。尺寸并非被赋予，而是演化设计下的特征，可以经过预测或推论得出。动物可被视为一台在地表自由运动、用来运输本体重量的工具。整体就是众多器官的组合，每个器官单独来看或许并不完美，却能形成更好的组织，让整体活得更好，并且能持续演化。

多样性和阶层结构是自然流动组织的必要特征。大事物一定是数量少的，而小事物一定是数量多的；阶层结构是平等的，阶层化是为了和自由度一致，这同样是大自然设计的一部分，也是可预测

---

1 编者注：幂次法则指的是事物的发展，其规模与幂次成反比，规模越大，幂次越小。

的结果。之前说明的食物链与货物运输系统，正揭示了这样的设计。阶层结构将能源供应者和使用者联系起来，并通过覆盖整个区域的管道进行分配。一个发达国家的居民可以利用主要干道在更远的距离上移动更重的物品，而一国整体的经济活动也正是这样的运动。

　　本书将演化视为物理现象，无论是生物还是非生物，都可以自由地移动与形变，尤其是将演化的概念应用到非生物系统中。对科学家而言，技术最迷人的地方就是让所有人都看到演化的脉动。电子产品的微型化就是活生生的演化现象。这种演化的动力源自于每一个人，因为我们每个人都有一种强烈的愿望，让我们的身体、交通工具以及随身物品移动得更方便、时间更长且范围更大。这些并非来自于把东西越做越小的"革命"，而是一种强烈又持续不断的演化；类似的现象在各领域皆可看见，并非只出现在技术演化上。仔细想想书写材料从古代到现代的演化：黏土刻板、石板、竹简、莎草纸、羊皮纸、书本、大规模印刷到计算机打字，使用的材料都是为了让我们能够更密集地书写文字。

　　体育运动则是另一个可以看见演化的领域，只是由于过于明显，大部分人都没有注意到它在科学上的重要性。其微妙之处在于，体育运动的演化在阐释自然界生命现象方面发挥着重要作用。我会说明如何预测未来的体育运动，例如，为什么最快的赛跑选手和游泳选手长得更高大，以及这种趋势会如何因物理学而继续下去；我也会解释关于运动员的"分化的演进"（divergent evolution），也就是为什么短跑运动员通常会比较高，而长跑运动员通常会比较矮。在涉及"投掷"动作的团体运动中，例如棒球，过去的记录显示演化的趋势是朝向身高较高的球员，而且运动员在场上的身高分布也随着快速投掷的需要而演化。

尺度效应是生命设计的核心，它无处不在，并非只在飞机、电子产品和运动员身上才看得见。越高大的物体，运动得越快，这在动物、运输工具、河流、风和洋流中的例子比比皆是。更大的运输工具往往效率也更高，体型较大的动物寿命也可能会更长，并且在它们的生命周期中可以移动得更远；更大的石头可以滚得更远，而且运动更为持久；更大的波浪也是如此。我们还会了解到为什么不是每一个移动的东西都会演化成最大的尺寸，以及为什么自然组织必须要有阶层化和多样性。这种遍布生物和非生物范畴的普遍性，正是理解这一现象的关键。

政府是一个由规则条文组成的复合体，而这些规则条文扮演着类似渠道的角色，管理并协助人与商品在世界上流动。如果缺少这些渠道，我们将如同沼泽的水一样被阻塞，而"阻塞"就意味着饥寒交迫、贫穷困厄以及悲恻短命。

更好的思想如同更好的规则条文（法律）和更好的政府，都具有相同的物理效果。渴望改进、组织、参与、使人信服与实践改变，是我们共同拥有的特性。这也是为什么人类与机器的演化会向更广大、更容易、更有效率、更长久的方向运动的原因。我们可以大声地说，这就是演化，这就是无可避免又时刻发生的演化。大自然的法则使得演化的设计朝向更自由与更好的政府发展，这就是演化永不停歇的原因。

本书将从物理学出发，以最广泛的科学观念阐明演化的意义。演化意味着流动组织如何随时间改变，以及如何朝着特定的方向发展，就像背后有目的的驱使一样。演化对技术、运动员和动物来说，与演化之于地球科学同样真实。在经济、技术、无生命与有生命的系统中，演化或改变设计的效用就如同经济学一样可以被量化，如果这变化帮助了整体的流动，就是有用的；这在经济学和技术发展中表现得尤为明显。**总而言之，演化永不停歇。**

> "相信不断追寻真理的人，怀疑已经发现真理的人。"
>
> ——安德烈·纪德（André Gide）
>
> 1947 年诺贝尔文学奖得主

知识让人类与机器有能力去改变自身的设计或让其有所作为，并能随之持续不断地传播出去。单纯的信息并不是知识，同样，数据也不是知识。数据本身不会自行传播，而是通过知识的载体，也就是我们每一个人。工程师可以说是知识的载体之一，他们是科学家而不是修理工，他们的洞察力来自于对运动的动态图像的分析以及做功的源头。发明者也是知识的载体，传播着改变设计的知识。他们时常质疑所传播的事物，丢弃其中无用的部分，并且带着更好的设计变革向前迈进。

"演化"几乎总是联系着"生命"，因此演化的科学辩论的例子都来自于生物圈。早在生物圈形成之前，地球科学的所有流动系统的演化就已存在许久，例如湍流、流域、闪电、大气和洋流、地壳运动、海岸线迁移、沙丘堆积等。

无论是生物还是非生物，演化在大自然的王国中都像是一部关于流域发展的电影。小小山口开启了小河流，然后河流会慢慢成长并涌入平原——归因于如此精良的设计，下游的城市一旦遇上水患就完全无力阻挡。水流会推开阻挡在其路上的细沙、小石砾和巨大的木头，并突破上一个汛期未被冲垮的河堤。地球物理学家将这种现象称为"侵蚀"，但这一词汇无法贴切地形容河道发展与形成的实际过程。

侵蚀和啮齿动物源自于同一个拉丁文动词 *roděre*，意思是用牙齿咬合。不过河流并不是任意切割地貌，而是会在特定的时间、地点侵蚀，在另一些时间、地点堆积。结果呈现的是一种水流造成的组织及秩序——在雨季时，洪流是势不可挡的。洪流的流动和树的枝杈有着相同的结构，或者可以说洪流是将水当成分叉的树枝，在地表上绘出大树的样貌，最终形成了流域的模样。假如洪水不是以树状的渠道有效率地侵入平原，就没人能够逃离洪流，而整个平原也会沦为一摊烂泥。

观看流域演化形成的影片，可以一窥整个地球演化的面貌。从物理学角度来看，物理定律可以说明降雨产生河道结构与沙洲是一种自然趋势，让河流能够更轻易地流入大海。假设降雨量稳定且平均，河流从平原流到出海口的速度会稳定，并且不随时间改变。流域结构的演化倾向于持续让水流更轻易地流动，这代表了地表地势的演化，山丘与高山也会变得越来越平坦。更容易流动意味着产生流动所需要的重力势能会更少，这就是自然界中发生的现象，同时也说明了，为何侵蚀现象和流域流动呈现的树形图案是同一现象。

假如上面所说的是正确的，那么为什么地壳没有变得非常平坦？当然，平原是平坦的，但为何山脉会像平原一样屹立不变？因为当世界上的河流持续地冲刷山脉时，山脉却在持续不断地上升。两种效应之间的平衡主宰了现今的地势样貌。山脉会上升，是因为火山运动和地壳板块的碰撞，由地表底部往上，再由河流通过侵蚀和沉积作用带回地表；地壳的循环运动便是地壳混合的过程，这一岩石的循环就像是湍流中的漩涡，范围扩及全球，其生命与地球的历史一样悠久。

那么，我们是如何得知地壳变动的循环在过去不曾间断的？在我幼年时，每到夏天就会去爬喀尔巴阡山（Carpathian Mountains）。我还记得，当时的我非常困惑于那些曾被几条河流垂直切割出的陡峭峡谷，而我得到的解释是河流侵蚀了岩石，并将石砾裹挟到下游。虽然这个说法是对的，但并不令人满意。若要切割山脉，河流必须先往上流，这相当不合理，河流流动的自然方向应该是环绕着山谷。

唯一的解释就是河流比山脉还要久远。平原中的河流渠道非常缓慢地提升，直到形成今天的山脉；河流持续流动，并持续冲刷冉冉上升的地壳。

你看，要学习科学就必须问问题。为了拥有所有可以维持生命的好事物，不管是在科学、技术还是财富领域，都要拥有质疑的自由。那些在科学、想法和财富上引领世界前进的社会（图 1.2），都鼓励年轻人质疑现状与权威，而这绝非巧合。

最难质疑的是那些最常见的现象。为什么要花那么久的时间才能理解自然趋势，甚至花了更久的时间才在物理学领域记下第一原理？因为人类思维的演化是人类和机器物种演化的一部分；当遭遇不可预期的危险时，为了生存而适应和改变是很自然的。这就是为什么我们最先质疑的，通常是那些不寻常的"惊喜"（思想好像突然被凌空抓起，就像动物被捕食者的爪子抓住一样）；而那些潜藏在最熟悉的、最不起眼的事物之中的，反倒是最后才被质疑。能从熟知的事物里发掘出新的问题，这在科学的发展中是很罕见的。

我希望本书可以赋予你一种全新的视野，了解地球就像扩散出去的血管系统，其中有正在流动的居民、汽车、飞机、政府等等。这种新视野也会证实，渴望（urge）拥有更好的想法、更好的定律和政府，来自于相同的物理效应。在这里，我使用"渴望"一词涵盖像自然趋势、推动力、意图、驱动和本能等其他名词。

渴望改善、组织、参与、说服别人和改变的动力，是所有人的共有特征。这就是为什么人类与机器的演化是朝向更伟大、更容易、更高效和更久远的方向运动。很明显这就是演化的过程，也是从物理学的角度，探讨可持续发展以及如何达成可持续的基石。

我成长于社会主义国家罗马尼亚（Romania），**位于多瑙河三角洲**（Danube Delta）附近的城市加拉茨（Galaţi）。虽然那时的我没有护照，无法离开这个国家，但我可以在港口看到远洋渔船的名字和颜色，以及来自海外的船员。这滋养了我的想象力。

当时，我非常沉迷于法国小说家儒勒·凡尔纳（Jules Verne），以及和我父母同时代的畅销书作家。

不过，先别管我的想象力！儒勒·凡尔纳的书中有尼莫船长和鹦鹉螺号潜艇的原始插图，还有《气球上的五星期》（*Five Weeks in a Balloon*）与《环游世界80天》（*Around the World in 80 Days*）中提到的远方。

从这些书中，我了解到这个世界一直在流动和改变，并能从周围看出来呈现流向更好的状态。在我的成长过程中，行驶于多瑙河上的是侧轮汽船；年纪更大时，柴油引擎取代了蒸汽发动机。当我准备离开罗马尼亚时，水上飞机出现了。我亲眼见证了儒勒·凡尔纳的想象和达·芬奇画作中的演化过程。

　　我从未渴望书中的发明成真，也许是因为在我的成长过程中，这种动力已经被满足了。我看到侧轮汽船变成水上飞机，而街上的马车被汽车取代。虽然我的父母没有车子，但现在的我可以驾驶一辆车，感受风吹拂过我的脸庞。火车是令人兴奋的交通工具，但我对飞机却感到敬畏。你可以说，我就像是来自 19 世纪的人。

　　人类是全球生命系统的一部分，人类与机器物种每一秒都在演化，而且会变得越来越好。万物都在流动和改变，这真的非常令人惊叹。

注释

[1] A. Bejan and J. P. Zane, *Design in Nature: How the Constructal Law Governs Evolution in Biology, Physics, Technology, and Social Organization* (New York: Doubleday, 2012).

[2] A. Bejan and S. Lorente, "The Constructal Law and the Evolution of Design in Nature," *Physics of Life Reviews* 8 (2011): 209-240.

[3] T. Basak, "The Law of Life: The Bridge between Physics and Biology," *Physics of Life Reviews* 8 (2011): 249-252.

[4] A. Bejan, J. D. Charles and S. Lorente, "The Evolution of Airplanes," *Journal of Applied Physics* 116 (2014): 044901.

Chapter 2

世界的渴望

What All the World Desires

有效的部分会被保留，这就是演化。

万物皆会变化，万物皆为生存，

万物皆要更多。

无论是在电视上观看生态纪录片，还是阅读图片精美的自然刊物，野外生态的世界总令我们着迷。随着技术的日新月异，镜头能捕捉到更近、更清晰的影像，进而让科学家对自己的新发现发出更高分贝的赞叹。

的确，每一幅捕捉野外生态活动的照片都充满了惊奇。例如，一部广为人知的纪录片就在拍摄蚁群的智慧。这些成千上万单纯的蚂蚁们，生活与工作得宛如一个有组织的社会。纪录片的解说员告诉我们，蚂蚁之所以表现出智慧，是因为从这样的秩序中获益的是整个蚂蚁群体，而不是单一个体。蚂蚁为了生存所展现的智慧令人印象深刻，以至于解说员对人类的智慧产生了怀疑，人类似乎专注于优化每一件小事，以获得个人的最大经济利益。

但如果因此便认为蚂蚁的智慧超越了人类，那是大错特错。真正的问题应该是，为什么这两种"智慧"会自然地出现，且分别是群体智慧（蚁群和人类）以及个体经济的智慧（蚂蚁和人）？接下来，我会回答这个崭新的问题。

夜晚，当飞机准备在西非着陆时，窗外的世界一片漆黑，就像夜晚时要降落在大西洋中部的一个小岛上。随着飞机靠近机场，窗外可见一些微弱的光点，那是一些小聚落为保持温暖燃起的火焰。这些聚落稀稀落落，有如夜空中的星点，他们所燃烧的燃料也是一样，但分布得不如星空那么均匀。这些聚落与燃烧的火焰的分布图样，就是一种燃料如何消耗及生命如何分布的设计。

驾驭火焰的文明分别出现于三个气候宜人的区域：地中海、印度与中国，这并非巧合。在这样的纬度，每年的环境温度都处于舒适范围，因此以火取暖的需求很低。火的使用因而成为人类文明史上的一种设计改变、一种转变，使人类拥有更为强大的力量。这种本质上的改变，与湍流浮现在平稳的流体上，动物视觉器官的出现，生物从水栖到陆栖、从地面奔跑到在天空飞翔，有异曲同工之妙。对火焰的驾驭在正确无误的演进方向上发展，从不会使用火到学会用火，而非颠倒过来，这是为什么？

　　答案和所有更为强大的变革是一样的：就是要促进运动和流动。火意味着让地球上的人类拥有更多的运动。火促生了许多技术，帮助人类更容易运动，并能移动到更远的地方；火代表着一种简单、轻便的庇护，非常有利于持续运动。有了火，早期的人类不再需要依赖洞穴以保持温暖、干燥与安全；不仅可以抵御肉食动物和害虫，还可以抵御疾病和邻近部落的威胁；火让人类可以和距离更远的人沟通、导航或通知部落。

　　火，有助于运行移动，也因此为人们所用，其知识被传播开并被保存下来。**好的想法能传播很远，历久弥新，如同语言、字母、谚语、宗教和科学一样，永不过时。**

　　火，是通往文明的众多阶梯中的其中一阶，引领人类迈向更便利也更长久的生活。这是文明的巨大飞跃，如果没有火，难以想象文明是否能够发展到现今的样貌。火，在其他领域也是不可或缺的重要里程碑——例如新的掩体（此处指的是人的聚集群落）、新的食物（烹调方式）、冶金术、工具和武器。古希腊人早已有这样的认知，因此将火归类于一种元素，而自然界中的元素共有：水、土、气、火。

　　随着工业革命的到来，热机（heat engine）的发明让人类可以使用的能源戏剧性地骤增，火的重要性再次得到肯定。火是从无生命的物质（先是煤炭，然后是石油）中产生的动力，而不是从动物或奴隶身上。

就像自然界当中的任何流动一样，热会从温度高的地方流向温度低的地方。所以人类发明了许多工具，合理利用热的流动，调节空气与水的温度，我们的肌肤就能享受文明带来的舒畅。为了提供热，热源和人类的生活空间必须有所规划，于是热从源头流向四周的同时，也尽可能地经过我们生活的区域。为了达到最佳供热效益，人们在堆砌燃料时，其高度和底部的宽度通常是一样的（图 2.1）。[1] 而为了能将热分配给所有人，首先要考虑的就是流动的路径设计，必须符合热的自然特性，并且让人们能在热散失到四周环境前获取它。

日常生活中燃料堆的形状（图 2.1），都很接近最佳的堆砌结构，表明每个人都有经济效益的常识。为什么人们会不经意地做出正确的事？答案是：经济学是一种物理学，或者说生命是一种物理学。火堆形状是第一个赋予人类更大力量的"能源技术"，可以说是人类设计其他能源装置——例如瓦特的蒸汽引擎，以及全球的网络输送传播的先驱。城市生活如此丰富，正是燃料堆砌最佳化现代版的成果。从锅炉和火车头的设计演化，到现代的蒸汽涡轮发电机，这些设计装置演化至今，都汇聚到相同的结构上。自古以来，各种燃料堆砌的架构逐渐趋向最佳的单一设计，就是趋于演化的明证。

在我撰写关于柴火堆形状的论文时，我和几位来自阿拉伯半岛、中国和非洲的留学生玩了一个游戏，我询问他们在村落、沙滩和丛林中如何生火，他们画出来的图形一模一样（我没有给他们看过我自己画的图案）。文字本身也蕴含着古老时代的柴火堆形状：古希

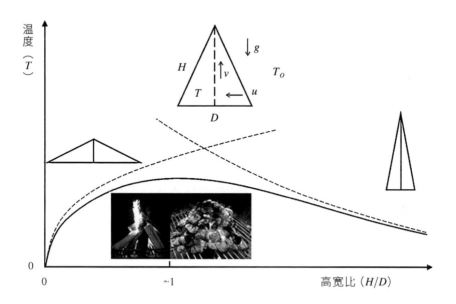

▲ 图2.1

火的温度（*T*）是燃料堆形状轮廓（高度和宽度比 *H/D*）的函数。如果堆砌的高度太高，那么会因为周围的空气而使温度过低；如果燃料堆太低，空气就无法被带入燃料堆的内部以保持燃烧的状态。调节这两个极端的情形，即可找到燃料最佳的堆砌结构，也就是在固定燃料的总量下，可以产生最热的燃料堆。(A. Bejan, "Why Humans Build Fires Shaped the Same Way," Nature Scientific Reports [2015]: DOL:10.1038/srep 11270. Copyright 2016 by Adrian Bejan)

腊时代，希腊文 pyra 的意思是柴堆，也就是用来生火的木头。后来希腊人发明了几何（当时他们也知道埃及文明的存在），他们所说的 pyramid 指的是"像柴堆的形状"，因此埃及的金字塔（pyramid）成了希腊人如何生火的立体记录。文字便说明了历史。

很多新的想法和改变不断发生，但能流传的想法是可以被接受、被使用并被无意识保留下来的。（在我写这篇关于柴火堆形状的论文前）在对人类演化的研究中我发现，为什么埃及的金字塔和中美洲的金字塔的形状是一样的，[2] 以及为什么人们会偏好有着黄金比例的图像，[3] 也就是矩形的长宽比值约是 1.618，所有这些偏好都是无意识的。

有效的部分会被保留，这就是演化。万物皆会变化，万物皆为生存，万物皆要更多。

先跳到结论，如果将居住空间的位置放在热源（燃烧的燃料）和热终点（周围环境）之间，就可以满足所有文明生活的需求。任何地球上物质的流动，如冰箱、空调甚至是自来水，都符合这样的设计。精算燃料的使用，巧妙地将使用者安排在撷取热流的恰当位置，这是可持续发展的根基。

通过生火而产生的热，最终都会消散到四周，不管人类有没有使用这些热（图 2.2）。假如我们利用火来让生活空间升温，其温度（T_S）会介于火所产生的高温（T_H）和四周环境的低温（T_L）之间。

热（Q_H）和燃料燃烧的速度成正比。每个火炉、暖炉和锅炉的效率都不高，因为其所产生的热流量之中，只有一部分的热（Q_S）可以导入生活空间，其他部分（Q_L）则会流失到周围环境中。热之所以会流失，是由于火焰附近比周围环境要温暖，因此热会经由暖炉的隔热层流失到周围。隔热层的设计方式是包围在火焰四周，没有任何一种隔热层能彻底隔绝热的流动，但随着精妙的设计越来越多，可以有效地减少热的流失。

在现实状况下，生活空间会从热源处吸收一部分的热（Q_S）。若生活空间处于热平衡态，那从热源吸收的热，就等于最后由生活空间散逸到环境中的热。后者的热流大小是固定的，原因来自于固定温差（$T_S - T_L$）的驱动。这温差横跨两个有热阻隔的区域，像是房

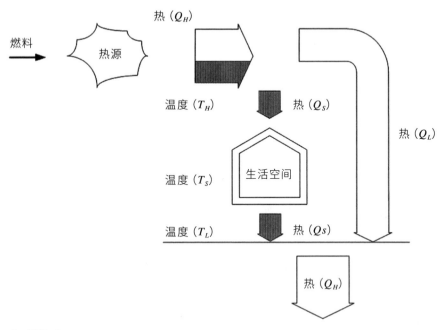

▲ 图2.2

要将生活空间的温度维持在高于周围环境的温度，可通过将生活空间安置在热流流到四周环境的路径中达成。热在两条路径上流动，通过生活的空间，以及绕过生活空间流入到四周环境中。（Copyright 2016 by Adrian Bejan）

子或围绕着居住空间的封闭式建筑。

　　总的来说，燃烧燃料来让生活空间保持温暖的想法，和将产生的热导入生活空间的想法是一样的，目的都是让热流更容易地流经生活空间。为了以较少的燃料达到这个目的，燃烧产生的热必须能够直接导入生活空间中，而不是在生活空间的四周。为了合理利用热的传输，生活空间必须设计成能够更好地拦截（通过更聪明的发明）燃料燃烧所产生的热。

　　这样的分析观点也适用于更大尺度的能量设计，像地理景观

（一个区域内各式地貌的统称）、国家、大陆或全球。人们及生活空间分布于全球，但这些分布并不是均匀的。燃料的燃烧也分布于全球，而且就像人口一样分布不均，形成大小迥异的节点。燃油分配的方式是：越多的人口，就有越多的燃料。

为了减少居住地区所需的燃料，燃烧所释放出的热，必须更精准地落于每个住户，而不是浪费在住户之间的区域。这样的运送方式，说明了全球能源规划是如何诞生的。经过优化的能源规划，提升了燃料使用效率，同时降低对环境的影响。若使用更少的燃料就能维持生活所需，自然可减少热与二氧化碳的排放。

为了维持生命而燃烧燃料时，阶层便自然而然地产生了。阶层结构的出现源于两个彼此竞争的因素，第一个因素是"规模"效应。规模越大的燃烧炉效率越高，在每单位燃烧的燃料中，越大的燃烧炉所流失的热越少，因为热的流失和燃烧炉及周围环境所接触的表面积大小成正比；因此假设燃烧炉（方形）的长度是 L，热的流失则与 L^2 成正比。

此外，物质燃烧的量和火炉体积成正比（L^3），所以每单位燃烧的燃料中，耗损的热是以 $1/L$ 的方式减少，也就是说当 L 增加时，燃烧炉的效率也会增加（第二个因素）。

于是将燃料集中在中心处燃烧的方式变得更有吸引力，因为 L 可增大，但这样的燃烧方式在热的传输上就需要更远、更广的分布网络，例如将热水送到距离燃烧位置非常遥远的用户，或将电能传输到位于偏远地区家庭的电暖炉中。这些传输的过程会让部分的热流失到环境中（图 2.3），并且这些分布网络的长度越长，热的流失就越多；较小的分布网络（也就是说比较少的使用者和比较小型的

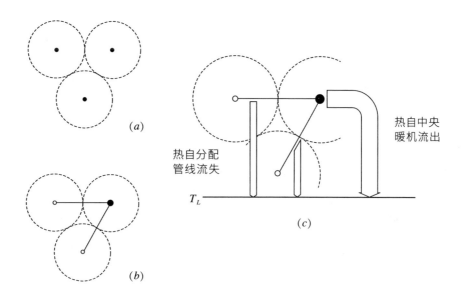

▲ 图2.3

居住地区的两种加热分布图。

(a) 独立的暖气机。每个家庭有一个暖气机，而每个家庭的范围为圆形区域。暖气
机燃烧燃料，并将一些热直接散逸至环境中。

(b) 中央加热系统和管线，让热分配到一群使用者的家中。

(c) 热以两种方式耗散，直接从中央加热器系统耗散，以及沿着配线耗散。将一些
用户分配给中央加热器是从这两种损失之中取得平衡的结果。从图中可以看出
一种燃油消耗的阶层结构分布。

(Copyright 2016 by Adrian Bejan)

燃烧炉）反而是更好的选择。

　　第二个因素和第一个因素显然互相冲突，当这两个因素达到平
衡时，就决定了燃烧炉的规模，也同时决定了围绕其旁的社区的大
小。[4] 能源传递的蓝图设计正是如此——一片黑幕中闪烁着些微的
光点，这样的设计不只出现在西非的晚上，也出现在世界各地能从
卫星照片中看到的角落。

除了热之外，地表燃料的燃烧也驱动了许多流动。其中一个主要且明显的流动是运输（图 2.4）。运输的分配方式和热流的方式可以说是完全类似。在交通运输中，燃烧燃料是为了获得做功的能量；燃烧所产生的热有一部分被用来产生动力，剩下的热则流失到四周环境中。接下来，产生的功率被用来搬运地表的物体。搬运过程中消耗的能量，最终也以热的形式流失到环境中。总的来说，所有燃烧产生的热，最后会全部流散到四周环境中。

每个生命系统都可以被视为一台引擎，将能量输送到消耗能量的装置处（例如刹车），而所有燃烧所产生的热，最终都会流失到周围环境中。地球是一台引擎（热机），将所有功率消耗于大气和海洋的环流、湍流漩涡、动物周期性迁徙和人类的各种活动中（交通运输、建筑、制造、农业、科学、教育、信息等）。当人类可以更有效地拦截燃料燃烧时产生的热，就可以享有更多的运动（运输）。地表的交通运输出现的阶层结构，是规模与传播两种因素间的平衡，也就是前述大规模所带来的经济效益，与长距离传输造成的热流失的平衡。

由于能量的产生位于某个特定位置（如前述的例子中，燃烧炉位于中央），以运输为用途来使用此功率，因此运输的范围涵盖了一个特定的面积或区域，大型搬运者一定会连接很多小型搬运者，这样搬运的总量才会相同。此平衡因素促生了生物圈的阶层结构（例如各种不同大小的动物，大型动物与很多小型动物伴生共存）。阶层结构是必要的，因为它有助于所有生命在生存环境中所做的运动。

货运或动物的阶层结构与流域的图案是一样的，强势者可以快速又有效率地移动到很远的距离，例如大河流。弱势者则效率较低，速度较慢，并且移动的距离较短，例如小支流。**阶层结构是一种能够被预测的决定论。**

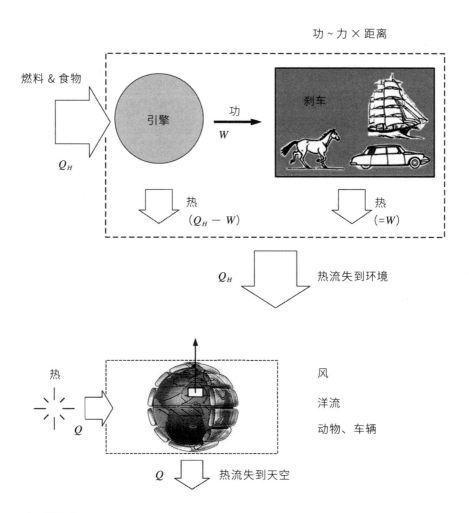

▲ 图2.4

文明世界的生活系统消耗了由动物和引擎（来自食物和燃料）所产生的功，并且以热的形式耗散到周围的环境中。产生的功被破坏，而其量值与抵抗运动的力量乘以行驶距离（*L*）的量值成正比。力与移动的质量（*M*）的重量（*Mg*）成正比。总之，燃料消耗正是运动（*ML*）。（Copyright 2016 by Adrian Bejan）

当今社会很喜欢谈论"可持续性"（sustainability），但这些讨论缺少了物理学上的定义，事实上人们对"可持续性"的精确定义没有兴趣。在物理学上，可持续性的本质——也是我们每个人都向往的——存在于万物中，即想要自由地流动并改变的自然倾向。来自食物的能量可以驱动、维持人类生命的流动。产生出来的功率之后会伴随着一种可预测的"设计"，在地球表面流动，这意味着流动伴随着组织、结构、节奏和可变化的几何形状。能量流的设计以一种演化的方式发展，随着时间而发展成更厚实、更有效率的形式来帮助、赋予并解放人类，让我们拓展到更大的疆域。

我们必须以物理学的观点来了解为什么我们需要动力，而当今聚焦于效率和节约的观念会使人们形成错误的想法，认为未来的我们只能减少燃料消耗，让各地燃料消耗平均（消耗较多的必须减少消耗，消耗少的可以多消耗些），特别是发达国家需要强制性地节约能源，而这些国家多是能源生产及消耗的大宗国家。讽刺的是，这些发达国家也是节约能源的发起者。这是正合时宜的科学议题，因为到目前为止，我们的能源政策还是没有搞懂，地球上的发电装置的设计是如何随着时间而演化出来的。

这时出现了两个无可争议的事实。第一个是燃料燃烧的分布不均，而为了维持我们的运动，产生的能量也没有被均匀地消耗与使用。人类拓展世界的过程是不均匀的，是一种类似血管结构的方式，有着大血管和很多小血管。人类圈（the human sphere）的流动属于生物圈的一部分，并在地球上不断茁壮成长。这个"有机体"的心脏拥有两大心室：欧洲和北美洲，几个主要的器官则在东亚和澳大利亚，而维持生命、能够运动和自由变化的血管组织则覆盖全球。

　　时间之箭指向的未来会燃烧更多的燃料、消耗更多的食物，并产生和使用更多的动力。纵观整个人类的历史，动力一开始产生于人类和动物，在中世纪则来源于新诞生的风车和水车；而获得动力的重大变革则是人类发明了引擎，并开始使用燃料，不再消耗食物。引擎催生了两场重要革命：席卷全球的工业革命和电气革命，并发展了科学的全新领域：热力学。

　　第二个是产生动力的技术持续演化，人们总是在追求更高的效率。[5] 每台机械的能量流动不时变化，以减少传输过程中的能量流失，就像每个正在发展的流域中的小溪。**组织结构就是从这种生生不息的演化中浮现出来的——一种持续变化让流动更顺畅的设计。**

　　19 世纪末到 20 世纪初，人们利用蒸汽机制造出了各种不同的设计：蒸汽轮机（steam turbine）[1]、燃气轮机（gas turbine）[2]、内燃机、水力发电、核能、太阳能、风力发电、地热、海洋温差发电和海浪发电。原本的乡村道路也开始被铁路、高速公路和空中航线所连接。燃料衍生出越来越多的种类，从风能、水力到煤炭、石油、核燃料和太阳能。但新发明不会消灭旧发明：新旧并陈，共同维持并促进全球的流动，促进生命的发展。**凡是对移动、对生命有帮助的，都会流传下去。**

　　一部分人相信能源的节约（使用较少的燃料）来自于效率的提

1　编者注：全称是蒸汽涡轮发动机，是一种撷取（将水加热后形成的）水蒸气的动能，转换为涡轮转动的动能机械。

2　编者注：燃气轮机是将高温高压燃气流的能量转换为机械能的一种叶片机，简称涡轮，又称燃气透平。

升。的确，发电机燃烧每公斤燃料会产生两条能量流：一条产生动力，另一条则会流失到四周低温的环境中。更高的效率意味着从每单位燃烧的燃料中产生更多的动力（更少流失的能量）。当解决动力的需求时，更高的效率也意味着在产生动力的过程中消耗更少的燃料，减少流失到环境中的热量。

这些都很合理，也符合我们追求效率的本能。从燃料中得到更多动力，让追求更高的效率成为一种社会美德，毕竟在我们的认知中，追求效率不仅能改善我们自身的生活，更有助于环境。但追求更高的效率就能让燃料消耗得更少，并让流失到环境中的热变得更少吗？

不，大量符合物理原理的证据提供了解答。

自始至终，我们都是朝唯一的方向前进——让更多人拥有更多动力，并扩展到更宽广的疆域，这意味着全球的燃料需求只会多不会少。当动力的来源不足时，就会增加新的动力装置；我们可以清楚看到，随着新装置的加入，动力会持续增加：从动物劳动到水车再到引擎，地球上所使用的动力都在增加，没有出现任何相反的情况。

为何这些证据会与普遍的观点相悖呢？因为迄今为止，科学关注的都是动力如何产生，而不是动力产生之后会发生什么。我们不曾质疑为什么我们需要动力，以及这些动力都流去哪里了。显然，即使是我们当中最有效率的人也无法在"动力银行"（power bank）存入任何东西。

不仅是热力学定律，**人类想要拥有动力的渴望由来已久**。英国制造商、詹姆斯·瓦特（James Watt）的合伙人马修·博尔顿

（Matthew Boulton）曾在 1776 年对一位访问博尔顿 & 瓦特公司
（Boulton & Watt）的人说："先生，这里贩卖的是全世界都渴望拥有
的东西——动力。"

之后，法国物理学家尼古拉·萨迪·卡诺（Nicolas Sadi Carnot）
意识到应该改变引擎的设计结构来提升燃料在燃烧后产生的动力。他
的观点如今已被学术界认可，成为众所周知的理论：避免各种摩擦
力——当热从高温热储流向低温冷储时，要避免热流失到环境中，就
要避免振动和混合。[6]

尽管有了这些学说的引领，热力学中却没有一项定律与"设
计""设计的改变"或"设计的演化"有关，也没有出现在动物演化
或其他领域的演化设计（地球物理学、技术和社会变迁）上。[7] 不
过设计和设计的演化的确发生了，这就是自然界的生命现象，同样
也是一种物理现象。

燃料和发电厂只是其中的一半，另一半是动力产生后会发生的
事；产生的动力迅速且全然消失，并不再出现。我们可以从动物的
运动和人类的交通运输上看到这一点：**动物的运动、汽车、建筑材
料以及制造车轮的动力会随着热量完全耗散到环境中。运动耗散了
从燃料中获得的有用能量。**肌肉和引擎只是能量传递的中介，扮演
着能量自热源流向生物圈（大自然相对较新的设计），最终散逸到周
围环境中的介质。

在生物圈出现之前，地球上的运动十分剧烈，诸如大气环流、
洋流、尘土流动及火山喷发等等，都是往更好的结构演化。在生物
圈出现之前，地球上的流动结构像是一张挂毯，由岩石圈、海水圈
和大气圈共同编织而成。在这三种流动的血管系统中，生物圈又加

入成为第四种，而这四种血管系统以更高效的方式重塑了地貌。

运动是消耗燃料的可见结果，也让地表的事物重新排列组合。这个现象可以总结在"建构定律"中：所有流动系统的自然状态随着时间不断改变构造（并产生组织结构），让流动越来越顺畅。[8] 不论是我们还是环境中的事物，没有消耗燃料，就没有物体可以运动。没有运动、重新组织与改变结构的自由，大自然中就不会存在生命。

每个运动中的事物都能被视为一台引擎连接着一台耗散动力的设备，而且该设备的功能很像一种刹车装置。引擎产生了动力，而刹车耗散动力，并转变成热能流向四周环境。地球本身就是引擎加刹车的系统（图 2.4），它的燃料是太阳能，而流失的热则是释放到太空中的热辐射。流进来的热和流出去的热是一样的，而地球正位于中间——我们可以将地球想象成一颗缠绕着无数运动的线的纱线球，所有细线都以抵抗运动的方式互相摩擦：大气环流与洋流、河流流域、森林、从燃料燃烧中流失的热能、动物以及人类的运动。

生命是由所有演化中的运动组成的，不管是在有生命还是无生命的范畴。让世界各地的地理脉络时时刻刻变化的正是气候，而气候是可以预测的：[9] 不同温度的地区，昼夜温度的变化，和气候的改变。[10]

经济活动是由社会中所有"支流"的运动组成的：人类、货物、信息、通信、人体与引擎内造成运动的诸多流动等等。从图 1.2 已经能清楚看出，物理学的相关领域也同时是经济学的一部分。一个国家一年的经济活动（GDP）和该国当年消耗的燃料总量成正比；[11] 消耗的燃料总量和所有发生在地表的运动成正比，包括交通运输、加热、降温、航行等等。

　　财富（GDP）是有形的、可测量的物理量，即人的流动和他们在地球上的发明。燃料的消耗维持着文明世界与人们的基本生活，并让身为运动者的我们，在这个星球上移动得更远更长久。所有生命的系统，无论是动物还是卡车，都是从能量、食物、燃料或水的流动中获得资源，来维持自身动态。在图 2.5 中，不管生命系统是否拦截，任何流动都是从高处往低处流。一旦被拦截，这些流动会被用于产生动力，然后通过地表的运动消耗这些动力；拦截流动的位置和消耗动力的位置并不都在同一处。流入系统发生在较早的时候，而流出到四周环境则发生在之后，并且在离动力源头很远的地方。

　　经济活动越多意味着消耗的燃料越多，而非越少。燃料消耗得越多意味着地表的运动越多。在图 1.2 中，所有黑点都自然地往右上方移动。提高效率造成更多燃料的消耗，而非"节省燃料"。这种提高方式类似移除流动过程中的障碍物，让渠道中的流动增加。而这个事实也解答了一个经济学上的古老问题，即杰文斯[1]悖论（Jevons paradox）[12]——19 世纪工业化时期，杰文斯察觉到，更有效率地使用煤炭实际上是在增加煤炭和其他资源的消耗，而不是节省。拉弗曲线（Laffer Curve）[2]和杰文斯悖论一样，呈现出反直觉的

---

1 编者注：威廉姆·斯坦利·杰文斯，英国著名经济学家和逻辑学家。他在著作《政治经济学理论》（1871 年）中提出了价值的边际效用理论。

2 编者注：拉弗曲线描绘了政府的税收收入与税率之间的关系。一般情况下，提高税率能增加政府税收收入。但税率提高并超过一定的限度时，企业的经营成本提高，投资减少，收入减少，税基就会减小，反而导致政府的税收减少。

现象。美国经济学家亚瑟·拉弗（Arthur Laffer）提出降低所得税和
资本税的税率，并预测该做法可以使税收增加。他的确是对的，因
为他提出的做法解放了整个经济的流动，使得经济成长，效率、生
产量和经济活动都增加了。

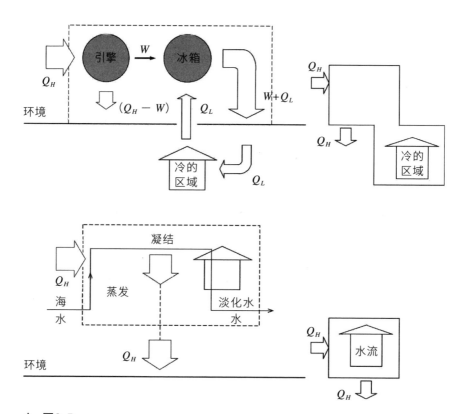

▲ 图2.5

经济活动是一种物理学，燃料的消耗不仅维持我们在地表的运输，还维持着文明
和我们生活水平的其他设计特征：寒冷气候中的温暖居住空间、炎热气候中的空
调空间以及干旱地区的淡水供应。对于前两者的需求：拥有热及运输，已经在图
2.3 和图 2.4 中有详细叙述。所有这些流动设计帮助了人类的运动，使其拥有更大的
移动距离和更长的寿命。这些流动设计综合起来阐述了人与机器物种的演化设计。
（Copyright 2016 by Adrian Bejan）

　　搬运者、发电厂、公司或动物越大，其效率就会越高。[13] 要提高引擎的效率，设计者必须拓展流动的渠道，这意味着河流会有更宽的河道，而热能也流动在更大的面积上。效率的增加会随着尺寸大小而增加，这意味着燃料的消耗也会增加。

　　无论是在经济、工程、有生命还是无生命的系统中，任何设计的改变、评估其优劣的原则都是一样的。假如有助于整体的流动，该设计的改变（想法的实现，知识或发明）会被采用并保存下来，这在经济学上尤为明显。货币的发明是促进货运贸易流动的重要里程碑，而这个里程碑是相较于尚未使用货币的贸易活动。国家之间的自由贸易协议和信用卡的使用，以及进而增加的经济活动，其背后主因都是降低贸易往来的障碍。自动取款机取代了银行出纳员也是相同的道理——减少经济流动中的障碍物。

　　为什么我们所使用的能量会随着时间一直增加？这是一个很重要的问题。由于我们居住的星球大小有限，从最简单的模型分析来看，地球可以持续稳定地接收太阳的热。在这种情况下，流域是这样形成的：降水稳定（也就是整个水流的流量是定值），且水流结构随着时间的推移而改善，从而让一块寸步难行的湿地迅速演化为宽广顺畅的河流渠道。这种演化过程中的设计不会间断，那么所有渠道的河流流量都会不断增加。我们可以称这种单方向的演化趋势为"渠道化"（channeling），其效果显而易见，即使降雨量为定值，每条渠道的水流量仍会越来越多。对于人类活动的运动来说，由于燃料的消耗，或者说"降雨量"并非定值，这种趋势会更强烈。随着技术的进步，由于勘探、萃取、开采、加工、科学和法律的种种演化，燃料的产量也与日俱增。

渠道中的流量永远只会增加，但每种扩散出去的流动都有着 S 形曲线的生命过程。我们将会在第七章中看到，流动的扩散一开始是缓慢增加，然后进入快速成长期，最后成长又慢了下来。如同位于卡拉哈里沙漠的奥卡万戈三角洲，除非降雨停止，否则其扩张行为不会停止。该演化设计的现象没有终点、没有洪水、没有大灾难。**不再遇上任何阻碍，才是演化路上的沉默阻碍。**

变得更聪明有益于运动和生命。我们发明了新科学、技术和商业模式，让我们和物品可以更容易运动。科学是一种引导运动的设计，让运动可以更顺畅，并能预测运动的流动行为。文明社会的演化和流域的演化相差无几，人类与机器物种是一个正在演化的群体，该流动系统的动力远远大于任何一个出现在解剖书上的人体构造。越来越多的地表的流动（例如燃料、食物、太阳能）被我们收集起来，并跟着我们一起流动。我们是一直在演化的流动渠道，也因为这样的渠道化，能够移动越来越多的物品。更多的运动意味着随着时间的演进，会有更多的燃料被使用，而不是更少。

水在演化中扮演什么样的角色呢？2011 年，在阿曼苏丹国（Sultanate of Oman）首都马斯喀特（Muscat）举行的世界水资源日大会开幕典礼上，有人说过这样一句无可辩驳的话："没有水，生命就无法存在。"它虽正确但并不完整，更好的说法应该是："**没有水的流动，生命就无法存在。**"几个月后，国际机械工程大会暨博览会的主题是"能量与水：两项不可或缺的珍贵物品"。这句话也不是很正确，能量和水的确不可或缺，但不是珍稀物品。沼泽地有非常丰沛的水，而撒哈拉沙漠有非常充足的太阳能，但它们并不珍贵，因为它们并没有流经人类居住的生活环境内。

人们常常描述能量和水量出现"问题"，就像银行里没有足够的钱一样。在本章的最后，我会说明能量和水不是"商品"，而是在维持人类生命的流动。这两者不是两个不同类型的流动，而是具备相同的本质，应该将其视为一体，并与人类所有的生活需求（运动、加热、冷却、淡水）息息相关。这个单一的流动代表着运动，这也是为什么一个国家的国内生产总值与该国家每年的燃料消耗成正比的原因。

人类与整个生物领域都是水的流动循环中不可或缺的一环。水循环中最广为人知的部分，是向下流动（降雨）以及沿着地表的流动（例如河流流域、三角洲、地下渗透和洋流）；鲜为人知的是向上流动，来自地面、**水面的蒸发现象和覆盖地表植物的毛细现象**[1]。[14] 不过，更鲜为人知的是生物圈也是一种在地表上循环的水体流动设计。当此流动停止时，生命也会终止。

人类是地球上众多生物流动系统之一，也是其中最强大、最有效力的。事实上，当我们越来越先进，就会有更多的水为了我们而在地表移动。我们改变了地貌，现在正在见证属于自己的地质时代：人类与机器时代。

如同世上所有的问题一样，世界上的水资源并不是均匀地分布在全球各地。[15] 有些地区缺水，而另一些地区则水资源丰沛。为何北美洲和欧洲没有缺水问题？这些地区的降雨量并非世界之最，刚果才是，不过北美洲和欧洲却是整个世界的产粮大区。那么水资源

---

1 编者注：毛细现象（又称毛细管作用），是指液体在细管状物体内侧，由于内聚力与附着力的差异，克服地心引力而上升的现象。

的区域分布为什么如此不均?

其中一条线索,是全球水资源的分配不均和全球人类活动不均密切相关(图1.1)。发达国家在任何方面都处于先进(如运动、水流、科学、技术等等),这恰好呼应了生命的物理学诠释。先进的意义对应了最终极的一件事:他们有能力用更容易的方式去促成更巨大的流动。

在地球上,所有的流动都是由一台引擎驱动的,这台引擎在来自太阳的热和流失到太空中的热之间运转。看看我们的运动吧(图2.4和图2.5)。这台"地球引擎"产生的动力没有任何接收者拿来做功,代之的是所有动力都耗散成热能。而热能从高温流到低温的净效应即是运动,任何你可以想象到的运动都是。

人类的所有需求可以简化为一张图示(图2.5)。对于热能的需求——也就是室内的温度要高于四周环境的温度,要靠热能的流动,从火堆流向四周环境。热能的流动若能以更好的方式进行,就会有更多的热能在流失到四周环境前流入我们的生活环境中;对于冷气和冰箱的需求也类似,运用燃料来产生动力,动力驱动冷气或冰箱以控制温度,调节温度用来帮助并增加人类运动的持久力。

物种设计的演化过程,就像人类与机器演化一样,是为了让全球的流动更顺畅,有些地方必须减少流动的阻力,但另一些则需要增加阻力。为了帮助生命和运动,动物必须拥有让身体保暖的隔热物,换句话说就是热阻(thermal resistances)。我们的引擎、房屋和冰箱一定会包裹隔热物。会产生流动的阻抗是因为流动经过动物、人类和交通工具时,必须沿着特定的渠道向前,这意味着每条渠道本身的阻力较少,而横跨渠道之间的流动则会面临较多的阻力。沿程阻力小，横跨阻力大这一明显的矛盾，正是"渠道"一词的含义。

我们对于水流过居住地区的需求也与"渠道"类似，水运输与排出水流的基础设施需要运转，其能量的源头则来自发电厂燃料的燃烧。农业和灌溉（另一条流进生活环境中的水流）满足了我们对食物的需求，而这同样也需要动力。在干旱和人口稠密的地区，水源的供给大多来自海水淡化，这也需要动力。

总的来看，现代生活的需求就像由动力推动的"支流"。当社会变得更先进、更文明、更富裕时，这些支流也会越来越大。想获得更好的生活条件（食物、水、加热、冷却）不仅需要使用更多的燃料，还必须通过更好的设计（例如科学和技术）来安排万物的流动与运动。在比较各国的财富（GDP）和燃料消耗时，我们可以清楚看到这件事。**财富即能量**，这是确实而非比喻的说法。财富是用来推动经济活动所组成的所有流动，而我们对水的需求，就反映在对于动力的需求上。

财富是发生在现今世界的流动，而非藏在洞穴里被世人遗忘的黄金。这个观点将财富流动的观念纳入了物理学的范畴。发达国家之所以富裕，是因为相较于不发达国家，它可以移动更多的物质和人民。有目的性（提炼、销售或燃烧燃料）流动的燃料即是一种财富，因为它们维持着人类和物品的流动。只储藏于地表的燃料并非财富，因为它没有产生运动。总结来说，图 1.2 所提供的观点是一种自然现象的物理定律，此自然现象正是经济学和商业活动。在这个物理定律下，**生物学和经济学都变成了物理学——有基本定律，准确并且可预测**。[16]

燃烧燃料及其产生的运动并不代表财富的唯一流动，还有知识的创造（科学、教育和行动，详见第十一章）、技术和传播途径。这些流动和流动结构的产生，是为了让人类与物品的运动更有效率。知识传播是全球物质流动结构中一个不可或缺的部分，它代表着财富，也就是增加流动且更有效率；这些都是物理学上可以测量的量，也就是为什么科学思想在全球的分布[17]和人类的运动（图1.1）、财富的分布情况是一样的。这两种情况的一致分布证实了英国前首相温斯顿·丘吉尔（Winston Churchill）所说的话："未来的帝国就是思想的帝国。"他说的未来就是我们的现状。

这样的观念意味着，不发达地区的建设蓝图在于更大的运量、更好的道路、教育、信息、经济，以及和平与安全。那么该如何进行呢？可以将不发达地区的发展，与已开发经济体流动的主干和大型分支接轨（拥有更好的流动渠道、位于更好的位置），让这些不发达地区的种种事物可以流动。宏伟的设计需要大河流，需要发达国家的经济实体。这就是如何控制发达国家和不发达国家之间差距的大小，使整体设计高效、稳定并有益于其所有组成部分。

少数大渠道和很多小支流必定会一起流动，因为这是最佳的流动结构。货物的流动已经演化成由几条大道路和很多小街道组成的运输网。这些货物是由少数的大卡车和很多的小货车运输，而少数的大渠道和很多的小渠道这种结构，也是动物在地表运动的设计结构。也就是在生物学中，人们众所皆知的食物链：敏捷的动物会抓住缓慢的，大型动物会吃掉小型的（这是正确的，因为体型较大的动物在陆地、水中与空中都比较快。第五章会深入探讨这一现象）。

少数大渠道和很多小渠道的结构扩展到全球，形成了一种阶层结构，就像心脏有两个心室（欧洲和北美洲，图1.1）的循环系统。

燃料的消耗、经济活动和财富，是自然设计中为人所知的说法。

　　生命的物理学如同一个放大镜片，让全球化的设计能够清晰地浮现。能量与水的流动结构渠道，加上渠道间的纵向扩散，都将会是未来设计的主轴。人类活动的未来发展与设计也将朝向三个方向：

　　1．发展水资源与燃料资源。

　　2．发展水制造和不同能量相互转换的方法。

　　3．发展全球性的水制造与燃料消耗。全世界会密切合作，致力于动力产生、分配与消费（破坏）。

　　第三个方向是最重要却也是最易被忽视的，因为它与全球化、可持续发展和环境影响等议题息息相关。第三项工作提供了政府介入水利和能源的基本条件，而这对科学、教育和工业都会产生巨大的影响。

　　全球的人力流动系统像是一幅有关各个生产点的织锦画，生产点嵌入该地，生产当地居民和环境所需的产品，并有分散和收集的流动系统，彼此联系并随着运动覆盖全球。当生产节点和渠道以某些方式分配给其覆盖的区域（环境）时，整个流域将流动得更顺畅（去掉全局性的障碍）。这就是有人类居住的地球如何成为生命的系统——活体组织，以及为什么最好的未来可以根据原理设计出来，并可预测的原因。

　　动力的分布、分配和消耗，应被视为三个同等重要的方面。这个整体观点包括了住房和交通、建筑材料、供暖和空调、照明、配水等领域。在大学里，这个观点更健全地整合了工程学、物理学、环境科学、经济学、商业、生物学和医学等学科。以上所有观点，使全球设计能够在维持我们人类社会的燃料流之间实现平衡。

我们应该如何实现能源的可持续发展？显然要通过了解完整的图像（图 1.1）和物理学中的必然性。动力与功率的使用将以 S 形曲线的方式增加，且此曲线在地球上所生成的阶层结构（不均匀的血管）是自然的设计，意味着良好且不可阻挡。

要把不发达地区导入各种流动中，最好的办法就是让动力、货物、人类和信息的"河流"流向全球。这件事已经发生并在持续进行中，通过各种动力传播：语言教育、科学、体育、航空旅行、互联网、世界卫生行动、利他主义和慈善事业的教育。这股趋势是要覆盖那些现今仍未触及的领域，并且会一直自然地持续下去。

为了尽快实现这一点，**流动组织必须具有形态变化的自由**。自由对设计有好处，自由地改变流动形态，可以让被忽略的地区依附于大型分支。我们应该认识到组织结构和设计演化背后的物理原理，并广为传播，让决策者能够做出正确且快速的决定。

总而言之，**生命世界的所有流动皆由动力驱动而生**。动力来自各种引擎（地球物理、动物、人造引擎）和引擎所消耗的各种燃料（水力、风能、食物、化石燃料、太阳能等等）。在社会中，由消耗燃料而生的动力即是人们认知中的财富。如同燃料和电力的消耗，财富的分布也具有阶层结构。在下一章，我们将聚焦于财富，并探讨为什么其背后的物理原理对每个人都很重要。

注释

[1] A. Bejan, "Why Humans Build Fires Shaped the Same Way," *Nature Scientific Reports* (2015): DOI: 10.1038/srep 11270.

[2] A. Bejan and S. Perin, "Constructal Theory of Egyptian Pyramids and Flow Fossils in General," Section 13.6 in A. Bejan, *Advanced Engineering Thermodynamics*,3rd ed. (Hoboken, NJ: Wiley, 2006).

[3] A. Bejan, "The Golden Ratio Predicted: Vision, Cognition and Locomotion as a Single Design in Nature," *International Journal of Design & Nature and Ecodynamics* 4, no. 2 (2009): 97–104.

[4] A. Bejan and S. Lorente, *Design with Constructal Theory* (Hoboken, NJ: Wiley, 2008), Section 11.3.

[5] A. Bejan, S. Lorente, B. S. Yilbas and A. Z. Sahin, "The Effect of Size on Efficiency: Power Plants and Vascular Designs," *International Journal of Heat and Mass Transfer* 54 (2011): 1475–1481.

[6] A. Bejan, *Entropy Generation Minimization* (Boca Raton, FL: CRC Press, 1996).

[7] A. Bejan, *Advanced Engineering Thermodynamics*, 2nd ed. (New York: Wiley, 1997).

[8] 来源文献同上。

[9] Bejan, *Advanced Engineering Thermodynamics*, 3rd ed.

[10] M. Clausse, F. Meunier, A. H. Reis and A. Bejan, "Climate Change, in the Framework of the Constructal Law," *International Journal of Global Warming* 4, nos. 3/4 (2012): 242–260.

[11] A. Bejan and S. Lorente, "The Constructal Law and the Evolution of Design in Nature," *Physics of Life Reviews* 8 (2011): 209–240.

[12] J. B. Alcott, "Jevons Paradox," *Ecological Economics* 54 (2005): 9–21.

[13] Bejan and Lorente, *Design with Constructal Theory*; A. Bejan, "Why the Bigger Live Longer and Travel Farther: Animals, Vehicles, Rivers and the Winds," Nature Scientific Reports: 2, no. 594 (2012): DOI: 10.1038/srep00594.

[14] A. Bejan, S. Lorente and J. Lee, "Unifying Constructal Theory of Tree Roots, Canopies and Forests," *Journal of Theoretical Biology* 254 (2008): 529–540.

[15] *Fraction of Freshwater Withdrawal for Agriculture*, UNEP/ GRID, 2002.

[16] A. Bejan and S. Lorente, "The Constructal Law Makes Biology and Economics Be Like Physics," *Physics of Life Reviews* 8 (2011): 261–263.

[17] L. Bornmann and L. Leydesdorff, "Which Cities Produce Worldwide More Excellent Papers Than Can Be Expected?" Cornell University Library, June 28, 2011, http://arxiv.org/ftp/arxiv/papers/1103/1103.3216.pdf.

Chapter 3

财富是有目的
的流动

Wealth as Movement with Purpose

所有发生在生活中令人愉悦的改变，
都是在促进实体的运行移动，
而这里的实体即是生命。

动力的产生、消耗和运动，提供了一个适用于所有领域演化现象的观点。这一观点已被观察、记录和科学地研究于与演化相关的领域，例如动物的演化设计与运动、河流流域、湍流、体育运动、技术和全球化的设计。**演化是指设计随时间不断修改，并在地球上将改变的部分传播出去，无论生命有无，皆是如此。**

这些改变是由机制（mechanisms）引发和影响的，不应与科学定律混淆。生物设计上的演化，变异的机制是突变、自然选择与适应。在地球物理学的演化中，变异的机制是板块运动以及水或风造成的侵蚀作用。在运动的演化中，变异的机制是训练、招募新成员、顾问指导、筛选与奖励。在技术的演化中，变异的机制是自由地质疑、创新、奖励、交易商品、窃取知识产权与移民。

演化设计中的各种流动，并不像其背后运作的物理定律那么特别。演化中的"怎样"是"建构法则"，是生命的物理定律；"什么"则是机制，机制会随着系统的不同而有所不同。"什么"可以有很多样态，"怎样"只有一条定律。

在大自然中，环境的冲击和组织是同义词。大自然的改变总会遭遇阻力，无论是流动还是推挤造成的位移（穿透、推挤和移位）都是如此。运动有"穿透"之意，但会随着观察现象的不同而有差异。对于流域的观察者，这种现象是树状流域结构图的出现与演化；对于地表的观察者，这种现象是侵蚀与重塑地壳。地球上没有一种水流比河流对地貌的演化有更重要的影响。当然，对于重新塑造地貌，人类绝对是个中好手。

这样描述自然界组织及其对环境的影响，不止于上述例子，而是普遍适用。一张图表胜过千言万语：想象一下动物行经的路线和它们所挖掘的地道，想象一下迁徙的大象和被摧毁的树木，而所有用来定义我们现今社会的运动也是同样的道理。社会组织的模式与其对环境的影响密切相关。

一套流动系统带来的影响，可以根据系统生命周期中搬运物体的重量和距离来测量。在地球上，任何重物的搬运（无论用交通工具、河流或动物）所需做的功，都与重物的质量乘以移动的水平距离成正比，这是流域与动物生命运行的方式，也是人类、家庭、城市和国家运行的方式。而一个国家经济活动的运行方式也同样可以理解为物体（居民、商品）被移动了一段距离。

在政治、历史和社会学中，人们观察并讨论每个快速发展的事物——更快的交通运输和通信、加速的技术、社会的快速变化和生活步调的加快。即使技术发展让每个人拥有更多自由的时间，人们还是感觉时间越来越不够用了。更多的时间都用来做什么了？

在地理学、经济学和城市化中，人们观察并传达出想要更多空间的渴望。需要更多的空间做什么？这个不间断的现象就是一种拓展和全球化；这个现象在城市三维空间的扩张中尤为明显：城市在地表进行平面扩张，并延伸到地上地下。尽管建筑工地正在创造新的生活空间，人们还是会抱怨这些工地挤压了生活空间。

更好的语言、书写方式和科学也给我们更多的时间去思考。问题是，我们要思考什么？答案是要思考更多的人类活动、运动以及人潮往来，这也回答了为何我们需要更多的时间与空间。

这些看似没有关联且相互矛盾的方面，拼凑出放之四海而皆准的趋势与现象：**大自然的演化，倾向产生更大更多的流动**。这些倾向是可预测的，因为它们自始至终都是自然界组织结构的组成部分。

组织结构是大自然的速度调节器。在我们见过的政治、社会、动物奔跑速度、河流流速等案例中，当其发生改变时，组织化结构会防止流动失去控制——在地理学、经济和城市化中，在令人感到惧怕的扩张中，从未失控。

时间在演化设计中也扮演着重要角色，并有益于设计的性能。随着时间的推进，流域会将渠道安置在更有利的位置。渠道具有阶层结构，数量较少的大渠道和为数众多的小渠道一起合作。突如其来的倾盆大雨会让河流在地表的旧河床上再次诞生。

渠道的阶层结构让我回想起小时候。我的父亲是兽医，每当我看到他切开猪的肺气管时，都会非常好奇。这些不规则的气管和我预想中会看到的规则的动物组织相反。现在，我知道这些管子组成了三维的排气系统，出现在土壤、肺部、生命组织，甚至每个地方。

在所有覆盖这个星球的流动系统中，我们都可以看到阶层结构，而且可以预测这些阶层结构。这些阶层结构形成了多尺度交织的树状流动系统，每个分支都连接着一个区域和一个点，所有分支都交叠在万物之上，并维持地球上所有的流动和生命。这种阶层结构与渠道大小的例子就是流域。根据科学原理，[1] 每条较大的渠道约有四条支流。这个预测和观察不同大小的流域得到的结果相符，支流的数目都落在三到五条之间。

另一种阶层结构出现在城市的大小与数量的分布上。若将城市的分布用对数图画出，结果就是呈一条曲线，其斜率介于 -1 到 -1/2 之间。这样的分布图形，在自然界各种流动系统中屡见不鲜，也是可预测的。[2]

不仅如此，还有一种阶层结构是树木的尺寸大小与数量在森林里的统计分布。尺寸 vs 数量的数据图所呈现的递减趋势，可以从森林的树冠覆盖（tree canopies）面积得到。如此，整个地表都参与了水的流动，从地面到树梢到最后随风而去，重要的是，这些覆盖在森林地表、大小不同的树，加快了水在整个区域流动的速度。从设计结构的整体观点来看，我们可以看到森林中数量庞大且看似尺寸不同的树之间，以及尺寸与数量之间的关联。[3]

描述流域、人口统计和森林的物理定理，也可以应用于社会流动的设计结构中。试想，科学与高等教育在世界各地的大学间流动，而每所大学又联结产生全球的教育网络。历史悠久的几所大学形成第一代渠道，也就是如今最大的渠道，同时塑造了就学学生的样貌。"最大的"渠道并非指拥有最多数量的学生，而意味着是最有创造力的支流，是改变设计结构的创造者。也就是说，这些渠道容纳了具有创新能力的人及其传承者，将想法应用并传播到全世界。

即使学生数量不断增加，教育体系似乎仍沿着固有的记忆流动发展。正因为有这样的固有记忆，大学的阶层结构并没有发生颠覆性的改变。[4] 就像流域的支流分布一样，这样的阶层结构是永久性的。这很自然，因为这是整个流动系统（这个世界）的共同需求，也是许多学生都想要的一样事物，那就是知识。

总而言之，随着交通、加热、冷却等技术的发展，我们的生活水平也日益提高。重要的事实是，一个国家的经济活动——也就是追求更好生活的活动，是燃料燃烧后所产生运动遗留的痕迹。

这就是为什么一个国家的经济活动和燃料消耗速度成正比，也是为什么经济活动的分布呈现阶层结构，并且和人民、商品以及知识（交流）流动的阶层结构一致的原因。

　　燃料的使用、财富和维持运动之间物理关系的形成原因，也是财富、平均寿命、幸福，以及更重要的自由之间的关系形成的原因（图 3.1 到图 3.3）。说到幸福，"顺其自然"往往令人愉悦，也是"建构定律"不言自明的展现。所有发生在生活中令人愉悦的改变，都是在促进实体的运动，而这里的实体即是生命。最主要的改变是要拥有更大的自由度，并且改变能持续不断地发生。

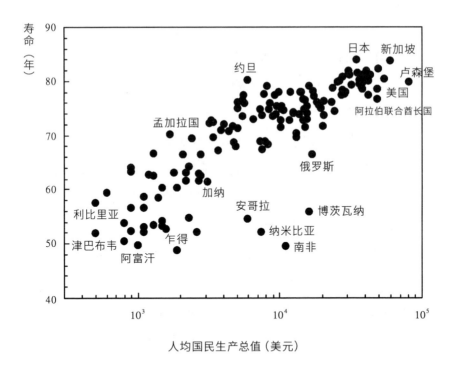

▲ 图3.1

经济活动越频繁，意味着越长寿。（资料来自 CIA World Factbook。Copyright 2016 by Adrian Bejan）

　　关于财富，目前的观点认为经济是一个庞大的机会游戏。我们必须坚定地研究物理定律，进而去了解、预测并防止经济的动荡，毕竟灾难性的贫穷对个人和整个世界都没有好处。

　　因为此观点的根源是物理学，所以经济学和生物学会变得很像物理学——有着基本定律，精确且可预测。然而，由于阶层结构会被误解为"不平等"，因此常会有负面的意味。阶层结构的出现是很自然的，因为无论是个人、种族还是人类全体，都渴望更顺畅、更高效的流动，并能持续地运作。**阶层结构有益于生命的演化和延续。**

　　在自然界，阶层结构的意思是渠道的运动中有几条大渠道和许多小渠道，无论在流域还是人类的肺脏中都能看到，这种组织结构是全球流动性能的关键。虽然我们时常嘲弄这种"少数大的，多数小的"的想法，挪揄地说着："洛威尔家族（Lowells）只和卡伯特家族（Cabots）说话，而卡伯特家族（Cabots）只和上帝说话。"又或是"祸不单行"等等，但这种现象是的的确确存在的。（洛威尔家族是新英格兰波士顿婆罗门家族之一，以知识和商业成就而闻名。卡伯特家族也属于波士顿婆罗门家族，又被称为"波士顿第一家庭"。）

　　金钱成本并不是产品的"能量具体化"。消费是物质实体从 A 地到 B 地的流动记录：商品被交易时，由 A 送出，然后由 B 接收。经济和商业活动是诠释人类在世界地图上的物质流动，也应该是最早关于流动和地理学的——人类生活的流动结构组成地球上的生命网络。

　　货币的储蓄是一种未来动力与运动的储存。当燃料在 A 地的消耗量比 A 地运动所需的多时，过剩的运动会被转换到对运动有需求的 B 地。用货币学的语言来说，物质流动的记录可以用下列方式描述：B 在 A 地存放票据，其代表着当 A 地需要增加运动而不想燃烧燃料时，A 地可以接收来自其他运动生产者所产生的运动。如果我们用这些术语来看待交易行为，就可以了解货币发明带来的实际效应，以及为什么货币和资本积累（capital accumulation）会自然地发生。

这些设计的改变具有传播运动的效应，以传播到距离产生动力（无论是食物、工作的动物还是电力）很远的地方。这些改变的发生和"建构定律"中的时间方向是一致的，也就是让运动更容易流通到全球。有着货币和资本累积的人类社会，必定出现在没有货币和资本累积的社会之后。

无论是海狸还是人类建造水坝，都是希望借此改变流动。这些水坝属于我们和海狸，水坝是无法自行建造的。不同于随机倒下的树干，只是暂时阻挡河流、最终会被流域冲走的障碍物，水坝代表着渠道化：这是我们的设计，即如何从多雨地区收集"燃料"来供给我们使用，而在高处的水中储存的燃料就是重力势能。通过水坝和其他人类设计，雨水被导入到山谷的涡轮机中，凭借涡轮机产生的动力移动我们自身和物品。海狸筑水坝也是相似的原理：为了维持它们的运动，或者说它们的生命。没有水坝，雨水会直接从山丘上流下来，就像热从森林大火中直接耗散到四周环境。这无助于动力需求，对我们来说就毫无意义。相比之下，人类的发明（技术、水车、发电厂）阻断了水的流失，并通过水坝和涡轮机的流动结构从水中提取动力，去推动更多运动。

当水流方向错误时，即水流方向远离涡轮机，水坝就会成为障碍。水坝的设计是为了将水流导入我们想要的方向，将水下落产生的动力输送给我们，来增加我们的运动。阻止水流从侧边溢出和促进纵向水流是同样的事，这就是"渠道"的意义：沿着渠道容易流动，流出渠道则很困难。这就是为什么当我们在白纸上画出黑色的渠道时，顺着黑线可以连续移动，企图向垂直黑线的方向移动则会遭遇黑白分明般明显的阻力。

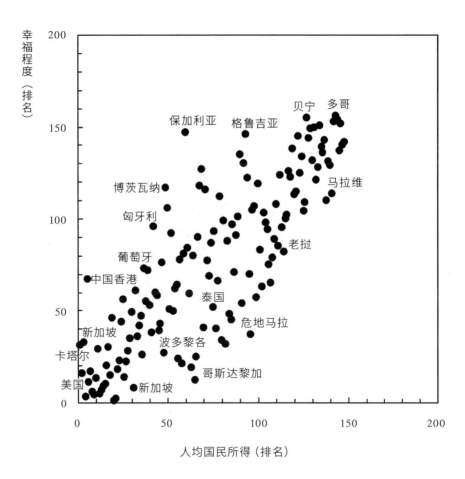

▲ 图3.2

运动（财富）常被视为幸福的指针（数据来自 CIA World Factbook and World Happiness Report, Columbia University, 2012）。请注意，两个坐标轴指的都是排名，所以更富裕和更快乐的国家和地区在左下方。（Copyright 2016 by Adrian Bejan）

一般来说，商业活动、法律和人类为生活所建造的渠道（例如电力的生产）没什么不同。商业活动、法律和条例是一种维持我们所有人行动的渠道的道路规定，对于所有生命与流动人口都是有益的，并且在自由的社会中会持续变化让流动更加顺畅（详见第八章）。

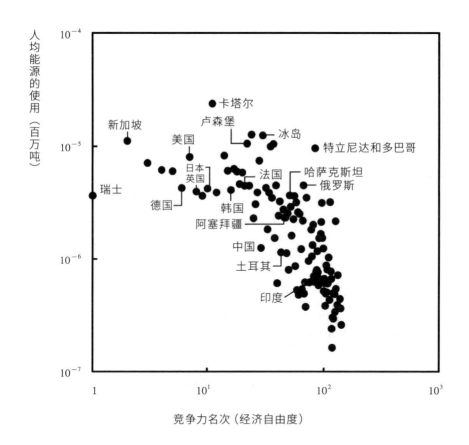

▲ 图3.3

自由的社会拥有财富和稳定力。随着时间的推移，所有国家都在向上移动（沿着图1.2中的平分线），这意味着它们都在朝更自由的方向演化。要注意底部坐标轴线表示了排名，因此最具竞争力的国家位于左侧。（Copyright 2016 by Adrian Bejan）

商业活动并非从来往的路人或商品流通中榨取钱财。相反地，商业活动是渠道和阀门的开启工具，这就是为什么商业活动（像法律、条例和政府）会自然地出现，其存在都是为了帮助我们在地球上的流动——我们的身体、交通工具以及万物。

举例来说，福特汽车公司在 20 世纪初引进了生产线，导致每位工人生产的汽车数量骤增。秘诀就在生产线的设计：组装配件会沿着各种渠道，在工人的双手间输送流转。在生产线出现之前，工人要在置于工厂地板上的材料间来来回回，而产品也在工人和材料之间来来回回。这两种设计的差别在于材料和工人可以通过优化配置的渠道更快速地移动。

生产线的概念也时常被应用于球类团体运动。例如在篮球运动中，好的教练会告诉球员："尽量传球，因为传球的速度比球员带球移动更快。"球要传得又直又远，并且传给对的球员。对的球员通常是指球技佳的球员，可以持续移动位置到无人盯防的区域。好的传球员可以引导球，变成"球场到篮筐"之间的良好渠道（详见第五章）。

如今，工厂的面积往往比一般的建筑物大许多，某种意义说已经扩展到整个世界。多数工厂专精于生产某些零件，少数工厂则专门组装这些零件。零件的传输又快又远，这表示组装中心与日趋扩展的零件厂范围已经达到平衡。我们可从空客[1]的制造方式以及美国的汽车制造业中看到这样的模式。

---

1 编者注：空客（Airbus），即空中客车公司，公司总部位于法国图卢兹，是一家真正的全球性企业，在美国、中国和日本设有全资子公司，在汉堡、法兰克福、华盛顿、北京和新加坡设有零备件中心，在图卢兹、迈阿密、汉堡和北京设有培训中心。

企业外包和全球化是演化与设计趋势的现代名称。这样的设计趋势，在过往生产线时代被歌颂，但到了现代工业全球化的时代，却时常被赋予负面的内涵。

研究与发明（研发）是让渠道具有更优演化的另一种说法。研发中的流动是什么？设计的改变就是研发中的流动。演化一词代表着自由变化的流动结构的两个特征：设计的改变和设计改变的传播，即知识。演化发生在我们的内在（通过学习和思考方式）和外在（通过与同伴合作创造的新事物，帮助地球上每一个人的运动）。创造出新发明的时候，我们的运动就是全球运动的部分，是整体运动的螺丝钉、螺帽和引擎。

关于研发的流动过程，可以从过往的科学演进史中一窥究竟。几何与力学是帮助我们了解流动的最直接的科学原理。通过数学代数，这些研究方法以更快且更高效的方式散播出去。接下来在数学分析（微积分）的协助下，几何、力学及代数的发展更是如虎添翼。而如今，我们有了计算机软件。这些种种都是为了演化的内在流动，为了我们的思考。

如果从外部来看知识的传播，另一个有效的组织会慢慢演化出来：从只有一间教室的学校（柏拉图学院和早期教会）到大学（博洛尼亚大学里的学生），再到图书馆、期刊和如今的网络，将这些排成宛如流动结构的自然序列，能让知识更容易、更持久地流动。这些都让我们更容易接触到各种发明，正是这些发明，让全球的流动更为顺畅广阔。

科学和技术的内外演化方式，也可以用经济和商业活动中的术语来表示，说明了为什么更有效率的商业活动会存留至今。计算机软件也是一种可以自由变化设计的流动——计算机的程序代码多元，且程序代码的存取也有着阶层结构。就像一篇文章里的字句，有些字被使用的次数比其他的字更加频繁，而有些字句被修改得更好或更简洁，有些字则是被创造出来的。想要将"建构定律"运用到软件开发上，就要掌握它演化的奥秘，善用自由变化的设计：去质疑、去改变、抛开成见并重新创造。

阶层结构通常与复杂性有关，这两个词都是指组织、可理解的流动或表现之物。复杂性也与不确定性有关，因为普遍的观点认为，复杂性的意思就是高度复杂，例如具有大量几何特征的模型是无法被描述的。这种解释从科学上来说是不正确且没有效益的。复杂性是我们感知、描述与观察物体的方式之一，因此复杂性是根源于确定性，而非不确定性。此外，我们观察和描述一个事物的复杂性（并将其与另一个事物的复杂性进行比较）这一事实本身就表明，所观察到的复杂性尚属轻微且可掌握，而不是无法衡量且令人生畏的。

将一个自己都不甚了解，甚至是无法预测的现象，赋予一个听起来很科学的名称，已经成为一种时尚，例如复杂性、湍流、网络、混沌、异速生长（allometry）[1] 等等。这些术语引人注目，因此新一代的作者在不知道这类名词代表的意义之前，就撰写了种种关于复杂理论、湍流理论、网络理论、混沌理论等的内容。不知不觉中，理论（预测的能力）的发展从一开始就走偏了。

真正的挑战是通过回答问题去预测那些看似无关的现象：一个物体应该有什么样的复杂性，为什么会有这样的复杂性？层流什么

---

1 编者注：异速生长，是根据相对生长表示不成比例的生长关系的用语。

时候会开始旋转，并出现漩涡？什么时候物体的流动会像血管网络那样复杂？为什么设计的混沌特征必须与规则特征共存？设计的特征什么时候会出现相似性，什么时候不会？这些特征是什么？为什么它们必须出现？

多样性和阶层结构是大自然流动设计的必要特色。各种流体塑造地表的力度是强弱不一的，正如所有河流都会重新塑造地表，但大的河流重新塑造的程度会大于小的河流。就像高速公路上的货车能比街道上的轿车负载更多的重物，而猫也能比老鼠携带更重的物体。凭借更大的渠道，发达国家的居民可以携带更重的物品移动到更远的距离（图 3.1 到图 3.3）。越大的移动者生存得越久，并且越快乐，也越富有。

一个国家的经济活动都跟这样的流动有关，每个年度的国内生产总值（GDP）与在国土上消耗的燃料成正比，而计划性的燃料消耗与社会自由之间有着高度的相关性。统计数据显示的趋势是一致的，随着能源的使用与国家财富的增加，这些国家也逐步发展出更大的自由度（与图 1.2 的结论一致）。现在真相大白了，这一切与个人观点无关，其道理都根源于物理学。

相较于被鞭策驱使的人，追求心之所向的人发展得更好。每个个体和群体都渴望拥有财富，而财富也渴望拥有生命，也就是运动（源自有目的地使用燃料），并且渴望拥有更多的自由以移动和改变运动的结构。这就是"建构定律"如何通过运动和组织，体现在演化的历史和人类生命的未来之中。

"勒索让智者变得愚妄。"

——《传道书》7:7[1]

"在苍穹之下，每个人都知道奴隶制是错误的。"[5]

——弗雷德里克·道格拉斯[2]

"人是注定要受自由之苦的；因为一旦被丢进这个世界，他必须要对他所做的每一件事负责。你有权决定要不要赋予生命意义。"[6]

——让-保罗·萨特[3]

在《大自然的设计》一书的最后几页，我写到我的兽医父亲曾大声地告诉每一位愿意听他说话的人。他说："看看狗的眼睛，它正在告诉你：'放开我，我想要自由。'"我在美国演讲时重说了一遍这个故事，令我印象深刻的是人们并没有理会这只狗说的话。后来我了解了原因：在美国，狗和人都很自由，脖颈上并没有链子。

自由经济是有目的地消耗燃料来驱动的流动系统，提供了推动社会中每个事物保持活力所需的动力；从消化食物的胃所需的动力，到产生灵感的头脑所需的动力。资本主义是人类赋予这个自然结构

---

1 编者注：《传道书》的执笔者是大卫的后代所罗门，是耶路撒冷的王，其主题是感叹人生之虚空。

2 编者注：弗雷德里克·道格拉斯（Frederick Douglass, 1817–1895）19 世纪美国废奴运动领袖，他是一名杰出的演说家、作家、人道主义者和政治活动家。在废奴运动中他是一个巨人般的人物。

3 编者注：让-保罗·萨特（法语：Jean-Paul Sartre, 1905–1980），法国著名哲学家、作家、剧作家、小说家、政治活动家，存在主义哲学大师及"二战"后存在主义思潮的领军人物，被誉为 20 世纪最重要的哲学家之一。其代表作《存在与虚无》是存在主义的巅峰作品。

的名字，而自然结构是由这世上流动的人与商品创造的，由机器和无数的发明物产生的动力来驱动。资本主义的产生是一种自然现象，且有益于人类，就像其他与人类有关的自然现象，从火的使用到豢养动物，再到使用货币、航空和电力。

总的来说，**人类的生活是一套庞大而相互交织流动的血管系统**，由将燃料和食物转换成物体的重量位移的机器来驱动。人类生活所带来的净效应，会更加剧烈地重新改变全球的样貌——比没有人类时更剧烈。

我们都会这么做吗？当然，而且每当我们有机会时都会这么做。看看环绕全球的飞行情况，飞机往西飞行时会经过北极圈，避开从西边飞往东边的高速气流所产生的冲击。飞机往东飞时会经过较低的纬度，顺着高速气流的方向飞行。全球的航空交通乘着大气的流动飞行，两者都由"地球引擎"来驱动（图2.4），当两者协力流动时，整体的流动会更快更顺畅，因此两者是息息相关的。

这种现象和地球一样古老，支流会结合成更大的支流，这样水流就更顺畅了。我们已经从流域的演化和肺气管与血管的组织中发现这种现象，从人类以船为交通工具的旅程中也可以看到。从最古老的情况开始：一个孤独的渔夫乘着木船，当他划着船逆流而上时，会选择沿着水流较弱的河岸；而当他划着船要顺流而下时，则会沿着流速快的河岸，且位置不一定在河道中央。

河流的流线类似地球大气层中的高速气流，高速气流是一种以气体为载体的"河流"，在相应的"空气河床"中流动。高速气流的曲折蜿蜒 [7] 就像河流一样，不过比河水的流动快多了，因为"空气河床"比硬邦邦的真实河床更柔顺绵软。高速气流会不断地扭曲，导致长途飞行的飞机路径发生改变。

当我们睁开眼睛、启程旅行时，新的景象会不断地冲击我们，刺激我们产生新想法，并且引导我们发现意想不到的东西，这就是"意外发现的事物"（serendipity），是让我们变得更好的知识源泉。

想法的浮现也是类似的自然现象，创造出新的图像、新的渠道，塑造并强化大脑内点到点的信息传递渠道。因此当我们看到、听到、闻到或是灵光一闪时，点子就会冒出来。脑海中的新图像立足于类似的图像，让我们得以快速理解，并且只需最小的脑容量，就可以轻轻松松地回想起来。

看看图 3.4，这张相片是我从中国香港飞往美国时，从我座位前的屏幕上拍下来的。即使是小孩也知道远东[1]、中国和日本的地形轮廓。我们会记得这个轮廓是因为以前上学时看过并画过地图，并且将这些图像与该国的历史与文化联系在一起。

学校没教的，是隐藏在海底的世界，就像当年尚待开拓的"西部荒野"（wild west）[2]一样。但这并不是我要给你们看这张图的原因，我的理由更为单纯。海底的世界正在对我们诉说着简明的字句，这样的信息可以被我们表达、铭记和传颂。简明的语言对我们诉说，海平面以上是中国和日本的国土，但在海底有着完全不一样但更熟悉的图像：海底的陆地看起来就像是一位女人，日本是她的

---

1 编者注：远东（英文：Far East）是西方国家开始向东方扩张时对亚洲最东部地区的通称，他们以欧洲为中心，把东南欧、非洲东北称为"近东"，把西亚附近称为"中东"，把更远的东方称为"远东"。

2 编者注：指美国初期的西大荒，西部蛮荒地区。

围巾，中国台湾是她的手，菲律宾是她的钱包，而日本海是她的头和发型。

　　大自然用曾经教过我们的语言与我们对话。人类的心灵有了解万物的渴望，希望借助合理化、阐释以及简化的过程，萃取出重要的信息，让我们更容易铭记在心。大脑将想象的与未曾见过的事物，依循大自然教给我们的意象储存起来。我们观察到的、接触到的事

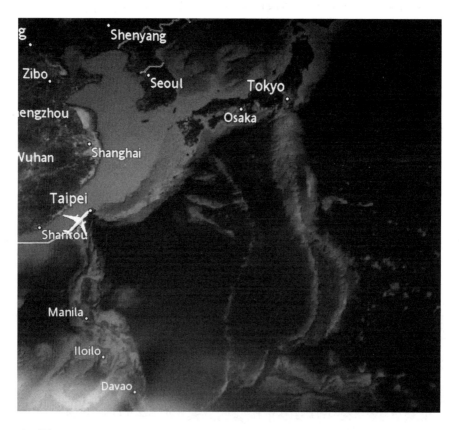

▲ 图3.4
飞越远东上空时意外发现的事物。（Copyright 2016 by Adrian Bejan）

物，就这样被剪辑进入脑海中的电影里。求知的渴望说明了"模拟"在大脑中出现的原因，也说明了"模拟"极具吸引力且有强大的实用性。而同样的渴望也让人类得以用语言沟通、在洞窟内绘画，同时带来迷信、宗教与科学。

　　本章要阐明的意象，是财富、经济和社会化的渴望都建立在物理学上，建立在生命和演化的现象上。通过说明运动及其目的性、财富和自由之间的联系，将政治、历史和社会纳入科学领域之中，因为科学是它们与其他万物的归属。总结来说，我们已经知道一些常见问题的答案，像"这跟我有关吗"及"为什么这件事对我很重要呢"。而在下一章，我会详细地探讨技术的演化，这是地球人类与机器物种演化的主要方面。

注释

[1] A. Bejan, S. Lorente, A. F. Miguel and A. H. Reis, "Constructal Theory of Distribution of River Sizes," Section 13.5 in A. Bejan, *Advanced Engineering Thermodynamics*, 3rd ed. (Hoboken, NJ: Wiley), 2006.

[2] A. Bejan et al., "Constructal Theory of Distribution of City Sizes," Section 13.4 in A. Bejan, *Advanced Engineering Thermodynamics*, 3rd ed.

[3] A. Bejan, S. Lorente and J. Lee, "Unifying Constructal Theory of Tree Roots, Canopies and Forests," *Journal of Theoretical Biology* 254 (2008): 529–540.

[4] A. Bejan, "Why University Rankings Do Not Change: Education As a Natural Hierarchical Flow Architecture, *International Journal of Design & Nature* 2, no. 4 (2007): 319–327.

[5] Frederick Douglass, What to the Slave Is the Fourth of July?, July 5, 1852.

[6] Jean-Paul Sartre, *Being and Nothingness*, 1943.

[7] A. Bejan, *Convection Heat Transfer*, 4th ed. (Hoboken, NJ: Wiley, 2013), ch. 6.

Chapter 4

技术的演化

Technology Evolution

所有演化都与增进和持续流动有关，
从河流、飞机到动物尽皆如此。

技术是伟大的解放者，随着蒸汽动力、电机和机动汽车的发明，动物和奴隶得到了解放。正如奥地利机械工程师彼得·瓦达斯（Peter Vadasz）所描述的："无论在哪个社会中，可用的技术提供和支持有多少，自由就有多少。"事实上，自由也会有所回馈，让人类能发明更多的新技术。从自由中诞生创新很容易——只要思考一下艺术和科学的历史便可明了。看看科学家和艺术家出生、成长的地方，它们的名字就诉说了地理、历史和思想的流动。

新技术的诞生提供了更便捷的方式来增进生活中的流动——更多地利用我们现有的空间与资源。如今的人类借助发明（引擎和交通工具）所产生的动力，维持着运动状态，这些设计随着时间而改变，并跟着我们一起演化。这里的"我们"就是我所说的人类与机器，通过我们的知识和灵巧的双手，伴随着交通工具的改进，"我们"在不停地演化。

技术的演化只是演化现象的一个子集，和动物演化、河流演化、科学演化以及其他领域的演化并无不同。简单来说，想象一辆需要燃烧燃料在地表上移动的运输工具，人们也可以用相同的物理原理设计出一种新型的能稳定输出能量的发电机，让其可以通过消耗燃料来产生运动。我们不禁要问，这辆运输工具的零件应该有多大？例如流体[1] 流过的运输管或热交换器的表面，由于所有的组件有一定的大小，因此运输工具的效率会因零件而分别以两种方式降低。

---

1 编者注：流体是指能流动的物质，它是一种受任何微小剪切力的作用都会连续变形的物体。流体是液体和气体的总称。它具有易流动性、可压缩性和黏性。

第一，这些零件的运作是一种单一方向的流动，克服阻力、障碍物和各种"摩擦力"。在热力学中，这种普遍现象被称作不可逆过程、有用能量的损失、损耗和熵[1]的增加。当零件越大时，不可逆过程所造成的燃料损失越小，因为无论是对流体还是热流，更宽的运输管和更大的散热面积产生的阻力都更小。所以在这个范围内，零件当然是越大越好（见图 4.1 的递减曲线）。

第二，运输工具需要燃烧能量才能携带零件。同样地，稳定的能量输出源，其零件制造、安装和维修也需要燃料；零件越大，需要的燃料就越多。这种燃料的损失会随着零件变大而增加的现象，说明零件越小越好（见图 4.1 的递增直线）。

第二种燃料损失的结果与第一种互相冲突，从这样的冲突中出现了一种概念——预测，即纯理论发现——对运输工具来说，这些零件应该会有特定尺寸，不会太大也不会太小。当冲突达到平衡时，运输工具需要的燃料会和零件的总重量成正比。

如果制造出的零件的尺寸在两条线的交点，两种燃料的损失总和就会最小。这个平衡表示大零件（运输管、表面积、材质、散热能力等等）属于大运输工具，而小零件则属于小运输工具。这个预测也和所有运输工具的技术演化相符。

这也意味着所有运输工具的零件都不会尽善尽美，因为每个零件的大小都是有限的，不能无限大。整个运输工具是由数个单一看来"不完美"的零件组成的。运输工具本身的设计会随着时间不断

---

1 编者注：化学及热力学中所指的熵，是一种测量在动力学方面不能做功的能量总数。

演化，能够更好地运输自身重量。这里所说的"更好"，指的是每单位燃料的燃烧可以运输更重的物品到达更远的地方。

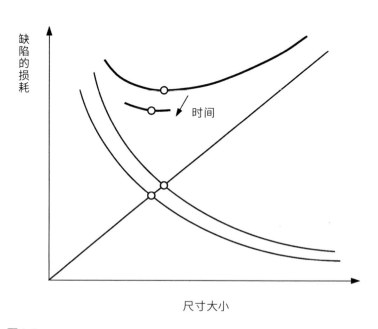

▲ 图4.1

每个流动零件都有特定尺寸，该尺寸是从两种互相冲突的趋势中诞生的。零件的不完美会损耗能量，其损耗的能量随着零件变大而减少。然而系统（车辆、动物）为了制造和携带零件损耗的能量，则会随着零件大小的增加而增加。如果能在两项损失间取得平衡（交叉点），总损失就会最小。技术进步会提高零件效率，因此下降曲线会随时间下滑，零件会演化成更小的尺寸。（Copyright 2016 by Adrian Bejan）

　　这个概念是各处演化组织结构的基本法则，了解它是重要的，学习它是容易且有用的。此刻也是适当的时机，毕竟当下普遍且流行的观点是"仿生学"（biomimetics）有助于技术演化。事实上有助于技术的并不是仿生学，而是这个基本法则。仿生学是观察自然界的事物，并且以人工的方式复制，将它加入人类与机器的演化设计的一门科学。只有当观察者了解自然设计发挥作用的原理，仿生复制才会成功。如果不需要理解基本法则背后的道理，那么任何动物和穴居人类都可以顺利发展，并超越我们如今以科学为基底的文明。那些宣称运用仿生学获得成功的人，其实是不知不觉（或自觉地）依据了物理的基本法则和"建构定律"。

　　每一项运输工具与图 4.1 的关系，都可以应用到动物器官和动物全身上。每个器官都有特定尺寸，体型越大的动物，器官越大。大自然不会犯错，每个器官可能会因其大小有限而不完美，犯错的是理解不了这一现象的科学家。

　　大自然不会犯错，是因为它可不在乎我们怎么想。大自然只表现出一些被称为"现象"的普遍趋势，因此我们会有一些普遍适用的物理定律。**大自然忠诚于它的法则**。以动物为例，随着时间的推移，演化的趋势是移动更多的动物重量，并更容易地在地表上移动更远的距离。动物就像一辆卡车、一辆携带其重量的运输工具，寻找食物就像寻找燃料，需要做功。

　　动物和运输工具之间主要的不同，或者说心脏和水泵（water pump）[1] 之间的不同，源自人类无法见证动物的演化过程，因为时间尺度实在太过长远。不过我们可以见证技术的演化。事实上，技术演化的时间尺度非常短暂，大部分使我们能够运动的演化都发生在过去一百年内——那些奇迹般的机器，如中央发电厂、电气化、汽车和飞机。

---

1 编者注：水泵是输送液体或使液体增压的机械。它将原动机的机械能或其他外部能量传送给液体，使液体能量增加，主要用来输送液体包括水、油、酸碱液、乳化液、悬乳液和液态金属等。

随着时间的推移，零件会演化为更容易流动的设计，这代表着图4.1的递减曲线会向下移动，因此与递增直线的交点也会随之下降。两个效应合成的水桶状曲线，其底部也会随着向左下方移动。这个发现表明未来的零件不仅在演化上要更好，同时体积也要更小。这是个关于未来的发现，而这个未来就是"微型化"。

现在我们知道了微型化产生的必然性。微型化是我们每个人的自然发展趋势，我们可以更容易、以更持久的时间将自身、运输工具或是部族移动更远的距离。微型化的"发生"不是有了纳米技术才开始的。在纳米技术之前，我们有微电子学；在微电子学之前，则有高转换效率的小型热交换器。

并没有所谓方向是越来越小的"革命性改变"，只有可以在每一个领域中都看得到的持续的演化。思考一下文字是如何从古代一直演变到现代的。这部演化设计的电影并不会剧终，对于人类和机器物种来说，只有不断进步的流动。

这种演化的方向是单位体积可以拥有更大的产值，以更小的装置做更多的事，其结果就是在装置中的单位体积内会有更多的流动。

无论最小流量的特征变得多么小（例如从微米到纳米），赋予人类与机器物种力量的新设备都必须继续与人体所有部位的长度尺寸——如手、眼、耳朵或内脏——相匹配。最小流量的特征越小，新设备中的最小元素就越多。这些微小的流动系统不会像倒入袋中的豆子一样倒入人体尺寸的装置内，必须被组装、连接和建造并可随之流动，以便整体可以完全沉浸于流动中。毫无疑问，这些装置最终看起来就像是肺和血管组织。

向微型化发展的必然是演化成更容易流动的结构，那么结构也会变得更加复杂，毕竟最小流量的特征会变得更小，数量也会更多。对于微米现象、微米元素和微米性能的追求，都是对真现象的误解，也就是宏观设计的结构（例如肺部）依赖着最小尺度且数量众多的非凡器官（例如肺泡），通过流动来相互连接以维持生命。

图 4.2 说明，产品的功能会向越来越大的密度集中。这张图回顾了过去 40 年电子产品的冷却设计。装载电子组件的设备长度（L）是个可变量。想一想电子产品的演化，从电话亭直到如今的服务器、笔记本电脑和手持设备，其长度是如何持续缩短的。

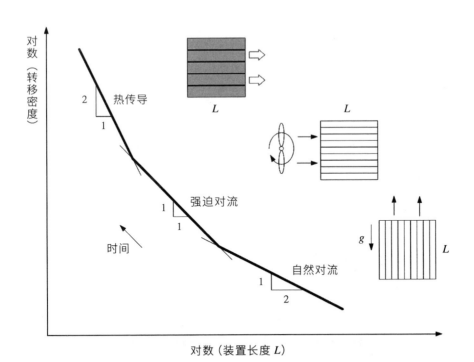

▲ 图4.2

热传导密度（等同单位面积的散热效率）与时俱增，这显示了两种现象：朝向较小尺寸（微型化）的演化和冷却技术的阶段性变化。[See A. Bejan and S. Lorente, Design with Constructal Theory（Hoboken, NJ: Wiley, 2008），chapter 3. Copyright 2016 by Adrian Bejan]

　　而图 4.2 总结了三种冷却技术：自然的对流（NC，由浮力驱动的流动，暖空气较轻，并且向上通过待冷却的物体）、外加力量的对流（FC，由风扇或泵浦驱动的流动）和固体的热传导（C，热量通过装置的外壳从热到冷流动）。这些技术出现且接管世界的时间顺序是 $NC \rightarrow FC \rightarrow C$，而不是颠倒过来的。下面就解释必须以这样的时间顺序发生的原因：

　　当隔板之间被有特定体积的电子元件填满时，冷却技术就能提供最大的机能封装密度（在此为热转换密度）。最老式的冷却技术是利用自然的对流进行冷却，其发热的电子元件的封装密度是以 $L^{-1/2}$ 变化的，如图 4.2 所示。如果这个旧的封装可以做得更小，功能密度就可能更大。自然对流的冷却技术的时间演化是指向左边，指向更小的尺寸。第二种最古老的冷却技术，是以外加力量为基础的对流。在有着最高密度的电子元件的设计中，隔板间的空间让封装密度随 L^{-1} 变化，如图 4.2 所示。这表示通过外加力量的对流，在较小元件的 L 方向上，可能实现更大的冷却密度，进而向微型化发展。这与自然对流的冷却技术呈现的趋势一致。新的事情是预测（之后来看一定是正确的），就是以更小的元件追求更大的冷却密度，从自然冷却到强迫对流冷却，在技术上一定要有阶段性的转变，而不是从外加力量的对流到自然对流。

　　通过采用适当尺寸的间隔、平行隔板或其他填充元件（圆柱体、球体、交错或对齐的翅片数组）等等，体积冷却的演化不会在外加力量的对流中停止。通过单纯的热传导来冷却长度尺寸为 L 的物体是有可能的，如图 4.2 所示。由于物体均匀放热，为了促使热从内部流向一个或多个侧向的点，需要把具有高热传导的固体材料（叶片状、针状或树状）放在原来材料的内部。

综上所述，热传导的冷却是通过两个固体零件（高与低的热传导率）的复合材料来帮助冷却的，并通过这一设计，将高导热率的材料有组织性地嵌入不易导热的材料里。这个复合材料是由两种物质组成的，而设计的演化则让一定体积内产生的热更为容易地流到散热器。这个物体乍看之下有两个组成成分，但随着设计的演化，物体内部产生的热能更容易流到物体表面的热吸收槽。所有设计趋向更高热源的密度（密度更大的电子元件），并且当 L 减小时，密度以 L^{-2} 的方式增加。由于通往更大密度的道路，比强制对流的冷却设计更为直接，并且肯定比自然对流的冷却更有效，我们就会发现其中必须存在一个从强制对流到固体传导的过渡。这种阶段式的技术演化的方向只有一个：从强制对流到热传导，反之则不行。

上述演化说明了冷却技术一定会以两种方式演进：朝向更小的尺度（微型化），或通过热流动力学中产生的阶段骤变（转变）。变化会持续进行，发生的时间方向也会和转变到微型化相同。

技术演化与我们有关，也与所有帮助我们维持生命的流动及运动的革命性设计有关（人类、商品、材料等）。没有事物能自行运动，每种运动的事物之所以会运动，都是因为受到外力而迫使其运动。力量乘以运动的距离等于运动所消耗（破坏）的功。

没有设计或运动是"免费的"。对于那些谈论自由落体和自由对流的人来说，这可能会让他们十分惊讶。虽然看不见，但产生自由（自然）对流的驱动器是存在的，如同风扇、泵浦和车辆等所有设备一样，是可以做功的引擎。

想象一台浸泡在寒冷液体容器中的热能产生器，比如房间中的

老式火炉。由于恒定压力下的空气在加热时会膨胀，所以与发热体
相邻的空气也会膨胀，变得更轻（较不紧密）并上升；同时，液体
中的寒冷部分被置换到下方。因此温热墙壁与寒冷空气间的温差驱
动了循环，如图4.3所示。那么这项运动代表了什么呢？

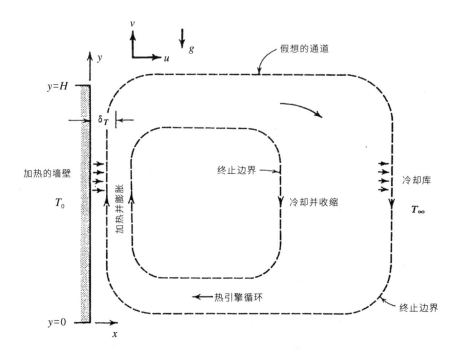

▲ 图4.3

热机是驱动自由（自然）对流的原因。（Copyright 2016 by Adrian Bejan）

　　为了回答这个问题，让我们通过引导流动的假想管道，跟随其
中一小部分的流体实时演进。从加热壁的底部开始，一部分流体在
上升时因墙壁加热而膨胀，迈向较低压力的流体库上方。接着，沿

着循环向下流动的分支中，流体被流体库冷却，并且在到达底部时收缩。由此可知，流体流动经过四个步骤而完成一个循环：加热→膨胀→冷却→收缩。

蒸汽机里的水，以及发电厂气涡轮机中的气体，都有着相同的循环。例如如果我们在流动路径中放置适当的推进叶片，图4.3的热机循环就可以为我们提供能量。这个循环就是风动力的起源，而风动力则间接地来自太阳能，来自以太阳加热、以寒冷的天空作为冷却的大气层"引擎"。看看图2.4，如果没有设计收集做功的装置（例如风车轮），热机就会快速驱动内部的流体，导致原来可以输出的功在热机内部就早已耗尽，而这都是由于一些不可逆的过程，诸如相邻流体层之间的摩擦、温差产生的热散失等等。图4.3所呈现的循环正像是一层层的洋葱圈，彼此间有摩擦，也有因为温差产生的热散失。

无生命和有生命的流动系统留下来的事物是相同的，所有流动系统靠着消耗源自太阳的能量（可使用的能量）来移动质量。河流和动物所消耗的有用能量和移动的质量乘以其水平位移的值成正比，而这一原理对我们的陆地、空中和水上的交通工具来说也是一样的，消耗的燃料和车辆的质量乘以行驶距离的值成正比。

河流和动物的设计经过数百万年的自身演变和完善，而交通工具和其他众多装置也正在我们的脑海中、在设计工坊的桌上、在某个企业集团内逐渐演化着。假如到了最终时刻，当燃料全都耗尽，食物完全消化殆尽时，这些流动系统到底会产生什么成效？如果缺少它们，地表上的诸多物体并不会有如此大规模的移动，也就是说，这些流动系统将地表万物"混"在一起。

在人类与非人类的生物圈（发电厂、动物、植被、水流）中，引擎具有轴承、连杆、腿部和翅膀，可以传送机械功率到外部使用功率的实体（例如需要推动力的车辆和动物），好让它们使用动力。由于这些生物圈中的引擎遵循"建构定律"，因此随着时间的自由形态会演化成更容易流动的结构。演化会向产生更多的机械功率（在有限的约束条件下）的方向发展，而这对生物来说意味着向耗散更少或效率更高的方向发展。

在生物引擎之外，所有机械动力都因受到摩擦和其他不可逆的机制而被破坏（例如人类的运输和制造、动物的运动，以及身体的热散逸到周围环境中）。引擎和周围环境（环境像是刹车）的设计放诸整个地球都是相同的。地球上的流动结构，包括所有引擎和刹车系统，从河流、鱼、鸟、湍流到涡流等，无论有无生命，都完成了相同的任务：将地表万物尽可能地"混"在一起。如果没有流动结构，这些都不会发生。

动物的运动是类似于无生命的移动与混合的设计，例如河流、海洋和大气中的湍流与涡流。把动物视为一种自我驱动的水体并不夸张，也就是说，动物带着体内的水所进行的运动与混合方式，与海洋和大气中的涡流并无二致。

而支持这一观点的铁证是，随着时间的推移，移动的事物以惊人的次序混合并分布在更大、更深和更高的地区：水里游的、陆上走的、天上飞的诸多动物，以及在空中飞行的人类与各种机器，甚至到外层空间都是如此。流动组织结构的时间方向总是相同的——这是一种演化，而不是继承发展。

平衡且紧密的流动结构产生了工程、经济和社会组织的变化设

计，这与自然界中的生物（动物设计）及地球物理学（流域、全球
环流）的流动结构并没有什么不同。在图 4.4 中，一个极为常见的
大气流动现象可说明非生物演化设计的变化。

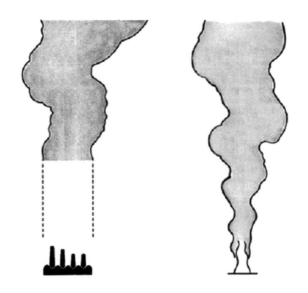

▲ 图4.4

在一定的高度以上，无论初始横截面是怎样的，所有羽状烟雾都会形成圆形横截
面。（A. Bejan, S. Ziaei and S. Lorente, "Evolution: Why All Plumes and Jets Evolve to Round
Cross Sections," Nature Scientific Reports 4 [2014]: 4730.）从左到右：平坦的羽状烟雾
从一排烟囱中升起，圆形截面的羽状烟雾从集中的火焰中升起。（Copyright 2016 by
Adrian Bejan）

　　来自工厂烟囱或是着火的灌木丛的羽状烟雾，一开始上升时如
同幕布，是平坦而汹涌的烟流；到了一定高度后，原先如幕布般的
烟流会自动组织成圆团状，所有烟流都会呈现类似的形状。喷流也
表现出同样的现象（喷流是一条水流或气流流经相同的流体，例如

从游泳池底部的软管排出的水流。烟流可视为温暖的喷流，其温度
比周围流体高），其横截面会自然地从平坦变为圆形，但相反的过程
并不会发生，圆形截面的羽状流或喷流从不会演化成平坦截面的羽
状流或喷流。

为什么会这样呢？

**这类普遍趋势背后的原因是流动系统通过自我塑造，让流动更
为顺畅。**在来自烟囱的烟流和喷流中，流动的本体是动量（运动），
从移动者（流柱）转到非移动者（静态的环境）。动量流动的方向垂
直于烟流的流动方向。这种横向流动称为混合或动量的传递：较慢
的运动因速度快的运动拖曳而加快，较快的运动因速度慢的运动拖
曳而变慢。当动量的横向流动有更大的路径流向静止环境时，纵向
的流体与周围流体会更快地混合，且纵向流体的速度会骤减。整个
流动结构的趋势是将其横截面从平坦变为圆形，使得混合增强，而
纵向速度骤降。

总而言之，技术演化是关于人类在地表上运动的演化设计：人、
商品、材料、建筑、采矿等运动。当整辆交通工具或动物的自身结
构向更高效率的方向进行演化，图 4.1 中的直线将以顺时针旋转，
可见图 4.5。两种竞争趋势的交叉点向下并向右移动，整体损耗的
情况就会减少。当整体向更高效率的方向演化时，交通工具和动物
会变得更大、寿命更长并可以移动更远的距离与面积，其零件（器
官）也更大，并始终遵守着大型零件属于大型车辆或大型动物的尺
度规则。

演化具有更广义的概念，并不仅限于生物演化的范畴。**以物理
学的观念来看，"演化"是指组织自由地、随着时间向明显的方向变**

化。预测演化中的现象是科学思维中的重要步骤。通过观察飞机的演化，我们可以看到比图 4.6 时间范围更短的演化时间尺度。我们可以记下这个演化，也可以根据物理学来预测。

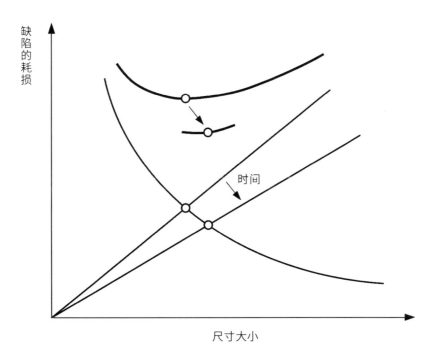

▲ 图4.5

技术的演化也发生在车辆和动物的层级。当车辆随着时间而演化时，与组成零件相关的燃料耗损就会减少。（Copyright 2016 by Adrian Bejan）

环顾四周，我们看到的和接触到的事物都在发生变化，如果不是日复一日或年复一年，那就是从这个十年到下一个十年。不信你可以看看承载着越来越多的人到世界各地的飞机，看看机场的大门和天空。

要了解图4.6关于飞机的数据，从图1.3来看更为简明，即新型号飞机的尺寸与使用起始年份的关系图。新型号比原来同尺寸的型号更经济、更有效益，否则该型号难以被成功开发并采用，更不会被持续使用。从图中无法看到向更高效率演化的趋势，显而易见的是另一种趋势：尽管新机型有各种尺寸，但未来十年，大型飞机将加入更大的机型行列。

这一现象阐明了生物学中一个众所周知的规则，即柯普法则（Cope-Depéret rule）。根据定律，动物的演化会随着时间而进化到更大的体型。[1]然而细观人类与机器的飞行世界，柯普法则不是在背后指点的定律，而是演化的自然结果。新的物种出现各种大小，小型物种数量庞大，大型物种则为数不多。随着时间变化，大型物种的领域确实会有更大的巨无霸加入，但这并不是重点。每个物种之所以有特定的设计，却都具备共同的特征（例如海豚和金枪鱼），是因为它们遵循物理定律，恰如图4.6所示。

这一阐述让我们看到了被称为"演化"的自然趋势（现象）。在生物学中，由于人类没有办法见证大部分的演化过程，因此我们对演化的了解只能建立在假设上，这并不利于生物学对演化论的论述，那么此时能实时了解一种物种的演化将非常有帮助，图1.3正好满足了这一需求。我们就是被观察的物种，因为新型飞机是不会自己出现的，它是人类设计的延伸，让人类可以更容易地在全球运动。所以更具体地说，我们要观察的是人类与机器。每一个型号的飞机都是改变设计的演化中的一个实例。一个扩散出去的流动可以流得更好、更快、更有效率、更持久，并且能够抵达更遥远的地方。

飞机的演化就像图4.6中飞行动物的演化，我们可以清楚看到，越大的动物飞得越快；但这个图片要呈现的是飞行物种中看不见（无法目睹）的演化引发了各式各样的运动形式，却又有着与人造飞行器演化设计相同的特征。

　　同样重要的是，从图 4.6 上可以观察到，飞行设计的数据持续往右扩展，与其在时间上的发展相符合。一开始是昆虫，接着是鸟类和昆虫，之后是飞机、鸟类和昆虫。虽然后来的昆虫和鸟类有各

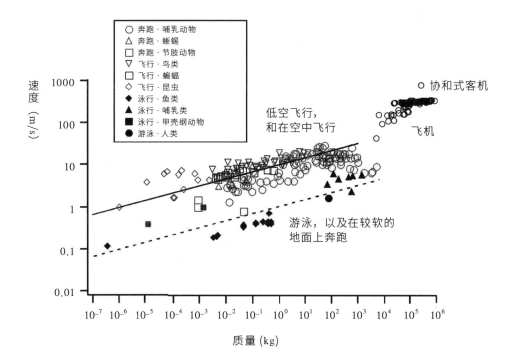

▲ 图4.6

所有物种（昆虫、鸟类、哺乳动物）飞行、跑步和游泳的特征速度。[The sources of the animal locomotion data are indicated in A. Bejan, J. D. Charles and S. Lorente, "The Evoluciton of Airplanes," Journal of Applied Physics 116（2014）: 0.44901; and A. Bejan and J.H. Marden, "Unifying Constructal Theory for Scale Effects in Running, Swimming and Flying," Journal of Experimental Biology 209（2006）: 238-248. Copyright 2016 by Adrian Bejan]

种体形，但随着时间推进，体型较大的昆虫和鸟类会被体型更大的昆虫和鸟类所取代。

如今占据地球的动物群体是由数个大的和许多小的种族组织而成的，新的物种数量少而体型大，旧的物种数量多而体型小。新的物种并不会取代旧的，而是会加入旧的物种体系。这就是显而易见又无处不在的"复杂系统"的结构。

飞机型号也以相同的方式演化，一开始是DC3和许多小型飞机；之后DC8和B737加入了DC3的行列；接下来，B747加入了较小、较旧但仍在使用中的机型。在这个演化方向上，飞机尺寸的纪录每次都被打破。这种趋势将人类与机器的飞行器以及动物的飞行物种结合了起来。

设想一架消耗燃料并在全球飞行的飞机，它的一个零件（例如发动机）到底应该有多大？正如前述，在图4.1中，交通工具因零件受到的"惩罚"（燃料方面）有两种。首先，飞机的组成零件是因为克服各式各样的阻力而流动、运作，当组成零件较大时，克服阻力的燃料成本会较小。其次，飞机必须燃烧燃料才能运送组成零件，这个限制与组成零件的重量成正比。第二种限制代表零件越小越好，而这与第一种限制相冲突。这个冲突即是物理上的零件有限大小的基础，也就是零件的特征大小。

由这两种相互冲突的条件所折中的平衡，是较大的组成零件（引擎、燃料负荷）属于较大型的飞机，而较小的组成零件属于较小型的飞机。图4.7和图4.8证实了这一预测[2]。这两张图显示了在飞机的演化过程中，热发动机质量（M_e）、飞机质量（M）和燃料负荷（M_f）之间，出现明显的两两正比关系。引擎和飞机重量的数据有其统计意义上的相关性，即 $M_e = 0.13M^{0.83}$，其中 M 和 M_e 的单位都是吨。

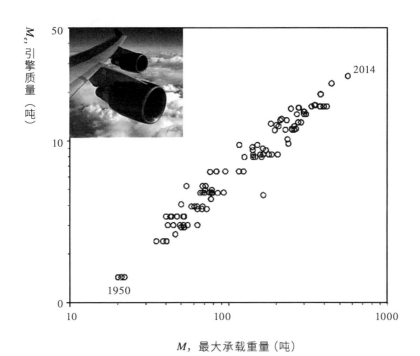

▲ 图4.7

在飞机演化的过程中，引擎尺寸与飞机尺寸的比例几乎成正比。此图数据仅包括涡轮（喷气式）引擎的飞机。(A. Bejan, J. D. Charles and S. Lorente, "The Evoluciton of Airplanes," Journal of Applied Physics 116 [2014]: 0,44901. Copyright 2016 by Adrian Bejan)

　　注意图4.7中数据指示的时间方向：引擎和飞机的尺寸从1950年到2014年增加了20倍。时间方向在图4.6也一样，都是向体型大且数量少的方向发展。

　　更大的飞机会飞得更远，就像更大的河流、大气流动或动物一

样。它们的尺寸长度 L 预期与 M^a 成正比，其中指数 $a \leqslant 1$。在飞机
演化的过程中，L 与 M 的关系已被证实 [3]，呈现 $L = 324M^{0.64}$ 的幂次
法则，其中长度 L 以千米为单位，M 则以公吨为单位。商业航空旅行
变得更有效率且成本更低廉，单位成本（指一个座位在 100 千米的飞
行距离中，消耗的燃料公升数）f 的演化在过去半个世纪中下降了一
个级数。平均而言，每个座位的燃料燃烧量每年都持续地下降 1.2%。

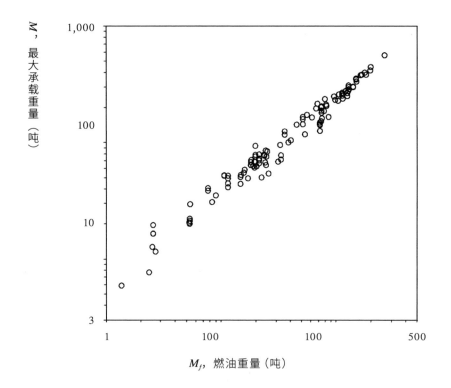

▲ 图4.8

燃料质量与飞机质量之间的比例关系。（A. Bejan, J. D. Charles and S. Lorente, "The
Evoluciton of Airplanes," Journal of Applied Physics 116 [2014]: 0.44901. Copyright 2016 by
Adrian Bejan）

"工程师看到设计之处，生物学家看到了自然选择。"

——约翰·梅纳德·史密斯（John Maynard Smith）[1]

相同的演化设计也适用于动物的器官与整个动物，构成动物动力系统的器官（肌肉、心脏、肺部）对应的是车辆的引擎。根据生物学的经验法则，动物的肌肉质量、心脏质量、肺部体积与其全身的质量成正比。[4] 动物器官的大小与身体质量的比例关系，与图 4.7 显示的引擎质量与交通工具质量的比例关系是一样的。这意味着预测出图 4.7 的原理，也可以预测出动物器官大小，而这已经从生物学的经验法则中得到验证。更准确地说，动物真正的"引擎"（线粒体）的质量与身体质量的 0.87 次方成正比。[5]

自然流动和演化的设计就是其中之一。整个流程都是流动的，它可以自由地改变组织，进行演化。万物都在流动，不论是在动物或车辆的内外，正如飞机扰动周围大气，而气流反过来作用在飞机上。生物学缺乏身体外部流动的研究，大多数科学都局限于身体内部的流动。研究飞机的科学家都有一个整体概念——他们看见的是整体——因为两种流动合二为一，改善了整套流动系统、人造飞行器的运动和结构的流动强度。

小型或大型的飞机持续演化，各种不同的飞机演化得越来越像。它们都不会拍动翅膀、悬浮于空中或者滑翔，而发动机为它们的巡

---

1 编者注：约翰·梅纳德·史密斯是一位举世闻名的英国进化生物学家，著有许多关于进化的书籍，既有科学性的也有面向大众的。

航速度[1]和稳定的高度提供了稳定的动力。不同于鸟类的机动和升降功能，飞机的机动和升降功能是由两个不同的"器官"来完成——引擎和机翼。然而飞机展现的特征〔异速生长规则（allometric rules）〕将飞机和鸟类等动物联系起来。飞机的引擎随着机身尺寸和燃油负荷而增大，越大的飞机是越高效的交通工具，可以飞得更远，就像大型动物一样。

飞机机身有两个主要的组成部分，一个是运载乘客和货运的机身，而另一个是使机身飞行的机翼，这两个结构也在图4.9中被概略地描绘出来。机翼的长度与宽度分别为S与L_w，其厚度为t，机身的长度为L，横截面的边长为D，而横截面的面积为A。我们发现，这个结构的每一个纵横比（形状）都是可以预测的，这与迄今为止所讨论的预测演化趋势的物理定律是一致的。[6]让我们讨论一下这是如何办到的。

商用飞机的主要目标是尽可能减少燃料的使用，同时搭载一定数量的人员和货物，并移动一定的距离。在一定时间内，消耗的燃油与引擎在一定距离下输出的功率成正比，而引擎输出的功率等于飞机克服的总重力乘以飞行的距离。总的来说，要降低一架特定尺寸的飞机燃料需求，飞机的总重力必须降低，但有两个限制条件：总质量（机身和机翼）是固定的，机翼必须足够坚固，能够支撑整架飞机的重量。

在这些限制中呈现出的关键特征，是机翼的长度几乎等于机身长度，这个预测可以从图4.9中得到验证。此外，我们发现机身横

---

1 编者注：巡航速度是指飞机所装发动机每千米消耗燃油最小情况下的飞行速度。

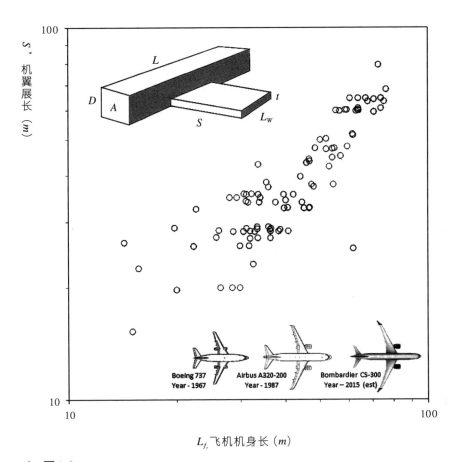

▲ 图4.9

在飞机演化的过程中，机身长度与机翼长度几乎相等。（A. Bejan, J. D. Charles and S. Lorente, "The Evoluciton of Airplanes," Journal of Applied Physics 116 [2014]: 0.44901. Copyright 2016 by Adrian Bejan）

截面必须是圆形的（在图 4.9 中，以方形截面表示），机身和机翼在几何形状上具有相似的细长轮廓：$D/L \sim t/L_w \sim 1/10$。[1]

––––––––––––––––––

1 符号"$\sim$"表示大约等于或数量级上相同。

结论是技术的演化与我们有关，是关于所有帮助生物或非生物流动的运动演化设计，而飞机的演化证明了这一点。

这些流动结构变化越多，其外观和功能也就越相似。加上后来更优异的结构，便于流动的部分会延续下来。整体来说，新旧交织的流动结构比旧的效率更高，更容易流动，也流动得更为深远。与没有新机型相比，新旧飞机型号的航空大众运输更高效地整合了全球运输。

通过大自然和人类技术，流动结构在不断地演化。所有流动系统，不论是有生命还是无生命的，都是由于设计进化而移动了更多的质量（它们"混合"了地壳），而不是没有设计进化。

由此产生的演化观点，其现象比生物学中所探讨的更广泛。技术、流域和动物的演化是一种可以归属于物理学的现象。当物理学能够解释以前被列为生物学异常的进化特征时，运用普遍适用的观点所带来的力量是显而易见的。我以一个关于物理学和生物学间观点差异、有趣而意外的例子来结束本章。

在一篇关于飞机演化的物理文章中，[7] 作者在结尾提到了协和式客机因为燃料消耗量高，偏离了演化设计的建构路线。协和式脱离演化路线的原因是为了追求速度，而不是优化燃料的效能。一位评论这篇物理文章的记者讽刺地写道：由于偏离演化趋势，建造协和式"从一开始就注定会失败"。作为对这句话的回应，加拿大一所大学的生物学教授抓住了"注定会失败"这个词，把它归因于我而不是记者，并重现了大脑大小与体重之间的图表。[8] 动物大脑大小与身体大小的数据与图 4.7 中的数据类似，由于人类大脑的数据在大脑大小与身体大小的对比图上位于这条线的上方，生物学教授在图上写道："我们都注定会失败的！"

这个笑话最终还是反映了生物学教授的无知，因为从他的反应得知，生物学家并不知道为何人类大脑应该远远高于一般生物的平均值。但如果从物理的角度分析，很容易找出原因：智人（homo sapiens）能移动的质量远大于其体重。如果将图形横坐标的体重，用智人能移动的质量取代（整整大出两倍多），就会发现人脑的数据点回归到平均的趋势上。为什么会这样呢？

"记住，桑丘，一个人并没有比另一个人拥有得更多，除非他做得比别人多。"

——《堂吉诃德》塞万提斯（西班牙）/ 著

因为所有演化都与增进和持续流动有关，从河流、飞机到动物都是如此。对人类来说，更容易运动的演化技术在 20 万年前就出现了。在这里，"技术"指的是两足运动（更快、更安全、更经济），以及语言和社会组织。通过双腿行走与奔跑，早期智人比祖先更高效地搬运更多重物。

这是"技术"史上最大的革命，它的物理效应就是出现更大的大脑。随之而来的技术进步促进脑容量的增加，到后来进展得越来越快，以至于演化延伸到大脑外部的设计，例如工具、驯养动物、教会、学校、科学、书籍、印刷、货币、法治、计算机和网络。我们携带的物品，以及我们赖以生存的运动和相互作用的机构，都将每个人变成地表上更好的搬运者。

工业革命、航空运输和网络是将人类大脑向外扩展的最新文明产物，以至于今天每个人都在与整个地球表面一起流动（联系、意识，作为一种物质的移动者而具有影响力）。

为了让人类在现代文明世界更顺畅地流动，每个人必须拥有获得财富（食物、水、木材、矿物、住所）、自由、闲暇时间与和平的途径。在和平中更容易诞生新的事物。更富有的人活得更久，并生活过得更快乐（见图 3.1 到图 3.3）。如果我们看一下世界地图和它的历史，我们可以看到流动较为顺畅的地区与上述的特点息息相关。地理位置很重要，在这些特别的区域内，人类会更先进，而生活在较落后地区的人就移民到更自由、和平与富裕（食物、水、木材、矿物、住所）的地区。这就是过去，未来也会这样继续下去。

技术的演化像是一部囊括多部电影的合集，其中的每一部电影都可以说是一个奇迹。这里的"奇迹"不是指教堂里受人崇拜的神迹，而是金戈铁马的奇迹，装有引擎的蒸汽船的奇迹，飞机的奇迹以及现代通信的奇迹。如果我父母那一代人还活着，也会感到震惊。如今要与德国工业设计师迪特尔（Dieter）谈话，我甚至不需要坐飞毯（飞机）去见他，尽管边喝啤酒边谈话胜过一切现代沟通方式。嗯，看来我刚刚为苹果公司发明了一个未来的手机应用程序（APP）。

总而言之，技术的演化解放了我们，同时赋予我们能力，在我们的生命周期中给予我们观察演化过程的能力，并使我们了解到每件事物的演化是一种物理现象。飞机、器官大小、大气与海洋环流、电子组件的冷却以及大自然所发生的"错误"，都是一种帮助生命持续流动的演化设计。下一章，我将要在银幕上播放一部更普遍且熟

悉的演化电影——体育运动的演化，从中能更清楚地看到演化的本
质就是一种物理现象。

注释

[1] N. A. Heim, M. L. Knope, E. K. Schaal, S. C. Wang and J. L. Payne, "Cope's Rule in the Evolution of Marine Animals," *Science* 347 (2015): 867-870.

[2] A. Bejan, J. D. Charles and S. Lorente, "The Evolution of Airplanes," *Journal of Applied Physics* 116 (2014): 0.44901

[3] 来源文献同上。

[4] E. R. Weibel, Symmorphosis: On Form and Function in Shaping Life (Cambridge, MA: Harvard University Press, 2000); K. Schmidt-Nielsen, Scaling (Cambridge, UK: Cambridge University Press, 1984); S. Vogel, *Life's Devices* (Princeton, NJ: Princeton University Press, 1988).

[5] E. R. Weibel and H. Hoppler, "Exercise-Induced Maximal Metabolic Rate Scales with Muscle Aerobic Capacity," *Journal of Experimental Biology* 208 (2005): 1635-1644.

[6] Bejan, Charles and Lorente, "The Evolution of Airplanes."

[7] 来源文献同上。

[8] H. Jerison, *Evolution of the Brain and Intelligence* (New York: Academic Press, 1973).

Chapter 5

体育运动的演化

Sports Evolution

物理原理就像颗水晶球，
让我们看透未来与过往。

大多数人可能对技术的演化不太熟悉，但肯定对运动的演化非常熟悉，毕竟运动是日常生活的重要部分。我们观看、练习运动，并从运动中获得启发。每个人都喜欢胜利者。

体育演化的微妙之处，在于它在科学与技术中所扮演的角色。体育就像一座科学实验室，我们可以了解运动背后的原理，让运动员和教练能够选择更有效的方法进行训练。每个人都对卓越表现的秘诀感兴趣，而这个秘诀就是科学。物理学的原理预测了体育的演化和未来发展。正如我的一个运动教练曾说过："什么也比不上训练。"这不是说我们应该像疯子般锻炼身体；他的意思是一旦学会了一项技能（不论好坏），它就不会离开你。这个原则适用于从音乐到数学的每一项技能。

讲究速度的运动会越来越快，例如短跑和游泳，不过这是演化现象中显而易见的现象。细微之处在于这些运动为什么越来越快？怎样越来越快？

过去 100 年的短跑（100 米赛跑）和游泳（100 米自由泳）的速度记录汇编显示，新冠军的体型往往比之前的冠军更大，[1] 较大也表示身体重量更重（质量 M）、身高更高（L 或 $[M/\rho]^{1/3}$，ρ 指的是身体密度），这是一个重要且合理的趋势。从 1900 年到 2002 年，速度最快的短跑运动员和游泳运动员的平均身高比同时期人类平均身高增长了 1.5 倍，即 12.5 厘米 : 5 厘米。

针对水中游的、地上跑的、空中飞的动物，将其中佼佼者的速度和身体尺寸画成图表，就能再次确认速度与尺寸之间的关系。"建构定律"对所有动物的速度和质量的关系有下列预测 [2]：

$$V_s \sim M^{1/6} g^{1/2} \rho^{-1/6} \text{（游泳）}$$

$$V_r \sim rM^{1/6} g^{1/2} \rho^{-1/6} \text{（奔跑）}$$

$$V_f \sim (\rho / \rho_a)^{1/3} M^{1/6} g^{1/2} \rho^{-1/6} \text{（飞行）}$$

附录会介绍这些关系的推导。系数（ρ / ρ_a）$^{1/3}$ 大约等于 10，因为身体的密度（ρ）和水的密度（1000kg/m³）大致相同，g 为重力加速度，而四周环境（空气）的密度（ρ_a）是 1kg/m³。陆生动物奔跑的速度介于 V_f 和 V_s 之间，其中系数 r 在 1 和 10 之间，所以 $V_s < V_r < V_f$。如果将 V 以米 / 秒为单位来表示，M 以千克为单位来表示，则前述的关系大致如下：

$$V_s \sim M^{1/6} \text{（游泳）}$$

$$V_r \sim rM^{1/6} \text{（奔跑）}$$

$$V_f \sim 10M^{1/6} \text{（飞行）}$$

与这些相关的是运动距离为 L_x 时所做的功：[3]

$$W_s \sim MgL_x \text{（游泳）}$$

$$W_r \sim r^{-1}MgL_x \text{（奔跑）}$$

$$W_f \sim (\rho / \rho_a)^{-1/3} MgL_x \text{（飞行）}$$

陆生动物在跑步期间所做的功介于 W_f 和 W_s 之间，所以 $W_s > W_r > W_f$。这是由于体型更大的动物行进得更快，单位距离会做更多的功，需求是随着海→陆→空的方向减少。这解释了地球生物的演化，为何是依循海洋、陆地、天空的方向。

人类与机器的运动也沿着相同的方向发展，从在河流上使用划桨的小船沿着岸边行驶，到陆地上的轮子和车厢，再到现代的飞机。如今所有设计都已就位，并会持续延伸到大气的更上层、海洋的更深处和更远的外层空间。

相同的电影（设计演化上更好的说法是：沿着特定时间方向的序列影像）显示了速度随着时间往前一直增加，并会持续下去。对于体重相同的运动员来说，跑步者比游泳者快，而飞行者又比跑步者更快。在无生命的演化中也是一样的，例如河流流域。在持续降雨中，所有渠道的持续变化都是让河流变得更通畅，并为流动提供一个更顺畅的途径。

我们在四组跑得最快的运动员、跑步者和游泳者（男性和女性）[4] 身上发现了相同的演化设计，以及可以让我们用来预测的"建构定律"原则。速度应该以身体质量 $M^{1/6}$ 的关系式来增加，或是以身体高度的 1/2 次幂增加。

一般来说，"建构定律"指出体型大的动物，速度应该会更快。比较大象和老鼠，以及博尔特和小学男生，我们再次看到这无可辩驳的预测；因为就一般而言，没有人可以预测单一个体。自然界的设计是原理（秩序）与多样性（例外）的和谐共存。

演化的方向是单一的，因为不同的个体（运动员）都在追求相同的目标：胜利。我们的目标不是速度，而是要赢得胜利，在社会中取得进步，生活得更好、更富有、更长寿、走得更远，并且为后代留下更多的遗产（如继承）。回归本质来看，演化真正的目标是要拥有更多的活力。不同种族的演化过程都具有相同的设计，我们已经在不同物种的演化中见到这件事：例如鲨鱼和海豚，即使鲨鱼是鱼类、海豚是哺乳类，它们还是演化出相同的外形和运动方式，而鱼类模拟哺乳类动物则更悠久。

跑步、游泳和飞行是周期性的前进运动，其特定频率来自于"建构定律"。当体型更大时，频率也会更低，如附录所示。"发生"在这特殊频率的身体水平速度（V），当其身体体型（长度尺寸为 L）较大时，速度和 L 的平方根成正比。

总的来说，速度来自距离。从比萨斜塔塔顶扔一颗石头到地面的速度和距离，会比我从头顶扔那颗同样的石头到地面更快、更远。

了解速度和尺寸大小之间的关系是相当重要的，因为人们已经提出了许多关于体育运动的速度，以及如何提高速度的办法，这些想法包含了从运动员的出生、成长，直到训练运动员的方式。更不用说除了天生条件之外，后天培养也起着一定的作用。当其他因素和条件（食物、训练、医疗保健等）相同时，物理定律相关的"尺寸决定速度"的部分就出现了。

一种观点是，速度还取决于机械式的驱动效率，也就是肌肉收缩；一些短跑运动员就拥有大量的快速收缩肌肉。的确，任何动物和运动员都需要能够收缩的肌肉，才能做功、移动身体，也就是产生肌肉收缩。

收缩的速度远大于运动的速度，也就是身体（骨盆）向前运动的速度。跑步和肌肉收缩是两种不同的动作。

由于进化的规律现在已经为人所知，那么将演化的设计快进以及预测未来将成为可能。2009 年，我们在关于体育运动速度演化论文的结尾做出这样的预测：

在未来，我们可以预测到速度最快的运动员会更重、更高。如果领奖台上有各种体型的运动员，那么关于速度的运动可能需要区分重量级别。选手力气与体重间的关联性并不是不切实际的猜想，这在现代运动发展的初期就能看出。在举、推和击打上，体重较重的运动选手比体重轻的更有力，因此举重、摔跤和拳击赛实行重量分级制度。同样地，体型大的运动员在跑步和游泳比赛中也会更快。[5]

在这一系列预测中，我们可以肯定地加上美式足球，因为在追求速度和力量（推动和撞击对手）的运动中，会吸引更高大的运动员参加比赛。那些冷门运动一定要改变或废除规则。在罗马竞技场中，与狮子博斗的角斗士已转变成与公牛战斗的斗牛士。

尺寸有益于速度，但并不是唯一影响因素，还有文化、体育教育、食物、训练方法、设施、医疗咨询以及运动员的热忱。运动员就像音乐家，以各种风格演奏自己的身体。但如果其他的条件都相同，体型大小就起到了决定性的作用。

某些类型的身体结构对于增加速度也有帮助。广义来说，这与选手的地理起源有关。根据发现的结果，体型大的球员速度应该更快，[6] 我们也解释了为什么速度最快的短跑选手往往来自西非，而最快的游泳选手则来自欧洲。[7] 这是由于在身高相同的运动员中，西非选手的身体重心平均比欧洲选手的重心高了3%。

在短跑比赛中，所谓的重要高度指的是身体重心距离地面的高度，而且因为速度是高度的1/2次幂关系，所以3%的高度差异可以转变成1.5%的速度优势。对于西非的短跑选手来说，这可是巨大的优势。

相反地，欧洲选手的平均身体躯干比西非选手长3%，而身体在水上的高度则上升3%，产生的水波高度也会增加3%，他们身体和其创造出来的水波对于前进有1.5%的速度优势。

总的来说，一个简单的理论物理想法说明了田径运动中"不同的演化"，短跑运动会以西非选手的身体结构为典型，游泳比赛则会以欧洲选手的身体结构为典型。至于亚洲优胜者则因为第一个效应，在这两项运动中都很少见，[8] 即缺乏具有优势的身高。从某种意义上来说，天生的自然优势，是培育运动选手的先决条件。[9]

腿的优势在陆地，躯干的优势则在水中。这个预测是体育演化的"建构定律"在生物学上的贡献。如果你已经知道体育的演化，就会知道水生动物和陆地动物看起来不一样的原因，也知道该如何下注。

短跑最快的动物（猎豹、阿拉伯马、灰狗猎犬）都具有高重心的身体结构，而游得最快的动物是没有腿部的。因此，可以推测从陆地演化到海洋的哺乳动物（像鲸鱼、海豚）会出现萎缩的腿和骨盆。你也不需要为了发现而杀戮和解剖，因为你有能力预见，而物理定律就是你的水晶球。

尺寸和种族的起源并不是决定陆地和水中速度的主要因素。另一个因素是体型相同的运动员，其身体运动频率的细微调整，图5.1说明了奔跑时这一因素的影响。从物理学的角度来看，跑步是一种让重量维持在地面上的倒—向前（falling-forward）运动，通过"人体车轮"中的两根辐条向前滚动。[10] 需要更快地倒向前方，就是人类跑步时会自然地（本能地）举起手臂向前摆动，与腿部的步伐同步，让每一步身体的质心向前推进，并比垂直方向拉力（重力）

产生的前进距离更远。摆动手臂是速度滑冰的自然特征，滑冰运动员的体型越大越高，就越有优势，因此可以前进得越快越远。

"人体车轮"的两根辐条就是跑步者的腿。在图 5.1 中，垂直杆代表选手的腿，而身体的质量集中在一个点（中心），并位于杆子的最上端。展现出四种跑步者的设计：两个代表高的选手（a,b），两个代表矮的选手（c,d）。在其中的两个设计（a,c）中，身体质量以足部为支点并向前摆动 30°，而其他两个设计（b,d）是向前摆动 90° 一直到地面。这四种跑步方式（a-d）花费的时间相同，但速度和跑步的距离按照顺序排列，却是 a ＞ b ＞ c ＞ d，这是为什么呢？

有两个原因：首先，根据描述所有动物运动的"建构定律"，预测中高的选手（a,b）会比矮的选手（c,d）跑得更快。[11] 这解释了短跑比赛中的"博尔特现象"，也解释了为什么男子 100 米四肢并用跑的纪录时间［16.87 秒，伊藤健一（Kenichi Ito），2013 年 11 月 14 日，东京］大约是博尔特纪录的 $3^{1/2}$ 倍。伊藤健一的身体重心高度是博尔特的 1/3。为什么？因为在百米四肢并用跑中，质量重心高度下降了约 1/2，而且伊藤比博尔特矮了许多。

其次，在相同高度的跑步者中，短步伐（a,c）比长步伐（b,d）具有更快的速度。较短的步伐意味着更快的步伐频率，这解释了美国田径选手"迈克尔·约翰逊（Michael Johnson）现象"：保持身体直立来加快跑步，并在单位时间内跑更多步。

归根结底，图 5.1 显示短跑中的速度快慢有两个独立的因素，即体型（a,b）和步伐速度（a,c）。两个截然不同的运动风格（博尔特和迈克尔·约翰逊）成功地说明了一个演化趋势：跑步要提高身体重心。

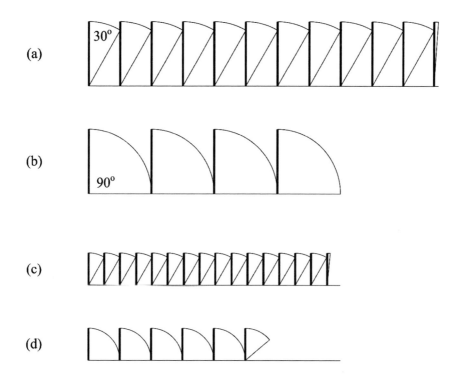

▲ 图5.1

跑步者在地面上运动，就像一根不断向前倒的杆子。运动员的质量集中在杆子最上端的点。杆子高度是运动员的重心相对于地面的位置。高的运动员（a，b）比矮的运动员（c，d）快。较快的步幅频率（a，c）与较慢的步幅频率（b，d）相比，具有更快的前进速度。（Copyright 2016 by Adrian Bejan）

　　这一成功还表明，进化不仅通过对现有运动设计的微小改进，而且还通过对流动性能产生巨大影响的突然变化而进行。在跳高运动的演化中，背越式跳高（Fosbury Flop）与大自然中四条腿的运动突然变化成双腿运动是一样的。这两种变化在运动设计中都是跳跃式的，而非渐进式的，所以对运动表现的影响也一样。

美国跳高运动选手迪克·福斯贝里（Dick Fosbury）在 20 世纪 60 年代研发了背越式跳法——头先脚后着地，并在 1968 年的墨西哥奥运会中赢得金牌，也让这项技术闻名世界。在此之前，跳高比赛的胜利者主要采用的都是俯卧式和剪式的跳法，而这些技术源自于我们越过围墙时采用的常见方法。

"思想只是漫漫长夜中的闪光，不过这个闪光即意味着一切。"

——法国数学家亨利·庞加莱（Henri Poincaré）[1]

写到这里时，我突然想到，动物身体可以上升到的高度也是设计的一部分，并可以用两种方式来预测。一种情况是当动物站立在一个地方并跳到高度 H 时，需要做功 $F×L$，其中，身体力量 F 大约是 Mg（见附录），而 F 的垂直位移大约是身体的大小 L。这个功转化为身体在最高点时的重力势能，也就是 MgH。从能量守恒（$MgL \sim MgH$）可以得出，垂直上升距离 H 必须和身体尺寸 L 相近。

另一种情况是当动物以速度 V 水平运动时，以脚底为支点，将运动轨迹从水平变成垂直。身体跑步的动能大约为 $1/2MV^2$，而且这些动能将转换为 MgH 的重力势能。回想一下，跑步是一种倒向前的运动，而且速度 V 与 $(2gL)^{1/2}$ 成比例，我们发现从动能转化为势能会得到一个结论，就是 H 和 L 也一定成比例。

---

1 编者注：亨利·庞加莱是法国数学家、天体力学家、数学物理学家、科学哲学家。他被公认是 19 世纪后四分之一和 20 世纪初的领袖数学家。他在天体力学方面的研究是牛顿之后的一座里程碑，他因为对电子理论的研究被公认为相对论的理论先驱。

　　这个预测说明了体型大的动物应该可以比体型小的动物到达更高的地方。这是一种广泛的设计，而且没有被个别情况中存在的偏离性所推翻。有趣的是，偏离是另一种自然现象的本质：每次我向观众展示一种可预测的自然设计，至少会有一个专家拿自己喜欢的例子来反驳我的说法。当我第一次向生物学家介绍飞行的"建构理论"时，第一位教授的评论是：你看鸡不会飞，你要怎么解释呢？对于这么有智慧的反例，我可以用土耳其和阿拉伯的谚语来解释："人们只会对长满水果的树丢石头。"

　　的确，我饲养的老猫依然可以立定跳上桌，但我现在办不到了；我曾经可以，但我毕竟不是一只猫，何况小猫也跳不上桌。一只老鼠可以跳过好几只老鼠，但不能跳过我。跳蚤可以跳到比身体高许多倍的高度，但大象不可能和跳蚤的运动方式相同。

　　这个故事的关键词是"有序"（order），也就是组织、运动的结构和改变运动的自由度。当我们了解一个设计背后的物理机制，其他设计的机制也会毫无悬念地展现出来。试想一下，利用肌肉的收缩来产生推动身体向上的力量 F。想象腿部肌肉，并在脑中将其想象成高度为 L、直径为 D 的垂直圆柱体。其高度 L 与身体长度相近，$(M/\rho)^{1/3}$。垂直向上的提升力 F 的数量级一定与 σD^2 相同，其中 σ 表示肌肉拉伸强度的常数。从 F（或 Mg）和 σD^2 之间有着相似的大小，可以得到这个垂直圆柱体的细长比，即 $L/D \sim M^{-1/6} g^{-1/2} \rho^{-1/3} \sigma^{1/2}$。这个发现说明了细长比 L/D 应该随着身体尺寸 M 的减小而增加。这是我们已知的事实，即小动物的四肢比大动物的四肢更细。

　　在这条探索之路上，还有另一个设计的特征让我们眼前一亮，那就是用来运动的器官的质量或体积，在整个身体的总质量 M 或总体积中所占的比例（φ）。垂直圆柱体的体积与 LD^2 成正比而总体积为 L^3。所占体积的比例φ是 LD^2 除以 L^3，再利用之前的关系就可以得出这样的结论：φ应该与细长比平方的倒数有一样的数量级，即φ $\sim M^{1/3}(g/\sigma)\rho^{2/3}$，其中φ必须小于1。

实际上，如果估计一只动物——例如人类（假定 M=100kg，D=0.2m）——的 σ/g 的数量级，我们发现 σ/g 大约是 2500kg/m²，再代入 $\rho\cong10^3$kg/m³，得出的结论就是在人类中，φ大约为 1/5，而小型动物的数字会比较小，大型动物的数字则比较大。

理论的发现就像挖掘钻石，一个完全意想不到的发现会引出第二和第三个新发现。腿部（运动器官）尺寸占据的比例应该会随着身体尺寸的减少而缓慢递减，大约是 $M^{1/3}$。这就是为什么在相同尺寸的绘图中，猫的腿小于大象的腿（见图 5.2 的下图）。腿的细长比（L/D）与φ $^{-1/2}$ 是一样的。在人类中，大约是 10，而且其变化与 $M^{-1/6}$ 成正比。从猫到狮子，腿的细长比会减小。现在我们知道为什么会这样了。

为什么这些预测如此重要，而不是因为它们有趣且出人意料？答案可以有很多个，都取决于读者。

对我来说，重要的是能够坚定地握住一条可预测的理论绳索，不仅可以往上攀登到未来，也能够向下到无法通行的过去。通过本章描述的速度与质量的关系，即使没人真正看过史前动物——从翼龙到巨型鲨鱼——游泳、跑步或飞行，我们也可以知道它们的速度。依据这些关系公式，当你见到网络影片中的动物速度时，就可以判断动物的体型，无论是尼斯湖水怪还是大脚怪。根据腿部的细长比关系，可以测量大型化石骨头的细长比，并推测出动物的质量。

▲ 图5.2

上图：大型陆地动物应该有更结实（较不细长）的腿，在整个身体质量中占较大的比例。从左到右，总质量在增加，运动并支撑身体的器官所占据的质量比例随着 $M^{1/3}$ 成正比例增加，其 (L/D) 的细长度按比例随 $M^{1/6}$ 递减。

下图：绘制相同尺寸的图像，这三只动物看起来好像不属于同一平面。猫离我们最近，而大象最远。为什么我们会知道是这样呢？是因为观察者的先验知识：我们知道大型动物的腿，占整个动物身体的较大部分，因此大脑看到较为显著的腿，就会联想到距离较近的动物。（Copyright 2016 by Adrian Bejan）

再一次，物理原理就像颗水晶球，让我们看透未来与过往。

　　动物的设计是由器官组成的，而器官又具有两个设计特征：流动结构排列成整个运动的身体，以及器官大小和整个身体大小之间，存在着可预测的尺寸关系。了解各部位的相对尺寸，我们才知道该如何绘制动物，外科医生和兽医就知道要在哪里动刀、切割的部位要多宽多深，以及如何切割得一次到位。大型交通工具的演化会让它们有更大的内燃机，这样的发展并非巧合，[12] 而是与大型动物有更大的肌肉组织和骨骼相类似。可以预见的是，它们的效率也更高。因此，整个身体是由具有特定尺寸的不完美的器官构造而成的，以至于在运动中可以更容易地移动、行进，且更长寿。

一般来说，还原论（Reductionism）并不是预测自然界动物结构和组织的答案。理解局部是必要的，但我们并不能预测整体行为。"建构定律"反对还原主义，使科学能够预测顺序和整体行为，只有了解各部分如何一起流动的体系结构，才能看到整体。无论是在更大还是更小的尺度上，只要我们要了解和预测整个组织结构，就必须知道"建构定律"。只有彻底了解大厦背后的原理，才有办法将设计放大或缩小。

组织中交织的多样性是大自然中的结构。但如果只专注于多样性，那就什么都看不到，因为观察者身处五里云雾中。这种无助的感觉，就像我们时常听到人们说的：**只见树木，不见森林**。

生命本身的现象就像一座森林，容易让人迷失在森林的最深处。每位生命科学家都是如此，就好像深陷于一片树叶的一条叶脉里。能够拯救我们的是纯粹思考的视野，即物理定律。根据物理定律，我们可以清楚地认识到，最强壮的事物是那些最轻巧且最有效率的，因此也是最美丽的东西。[13]

在研究运动员理论的过程中，我又想到了另一个理论。许多人并不会纳闷为什么动物会伸懒腰和打呵欠，它们本来就会这么做，而且人类也会。我们知道为什么自己会这样做，因为这样做感觉很好，但为什么这样做就会"感觉很好"呢？因为在动物设计中，每个赋予我们运动的特性都会以愉悦感来奖励我们：呼吸、饮食、安全、交配、温暖、美丽以及读到一个好想法。

"感觉很好"只是商店的橱窗，而当我们回到厨房时，可以发现是"建构定律"产生的设计（食谱），让我们可以从烤箱中周期性地取出面包。我每次利用"建构定律"来预测有生命和无生命的设计时，都看到了这一点。呼吸、心跳、制冰、排泄、射精和洪水都是有周期性的。

伸懒腰和打呵欠有着相同的设计特征。血液流经血管乃至全身，而动物消耗有用的能量（有效能量、做功）来驱动血液流过血管。不同于发电厂的输送带，动物的血管并不僵硬，除非是被拉直、摊开以维持畅通，否则就是柔软且皱缩着的。如果动物没有打开血管系统的信道，它就会在传送功率方面受到不利影响。随着流动渠道的紧缩，不利的影响会随着时间增加。

缺乏伸展并不是动物设计的有利特征。不过另一个极端——过度伸展也不是好的设计，因为这需要消耗更多能量。想象一下，如果你用双手拉伸弹簧并长时间保持弹簧的伸展状态，最后只会精疲力竭。

最佳的伸展方式是在适当的比例下放松，并配合节奏。伸个懒腰，打个呵欠，是有效伸展体内血管与上呼吸道的律动——**物理学中周期性原理**[1]的好例子。自然的设计是有节奏的，同样的设计控制着呼吸、血液循环以及其他周期性的身体功能，从进食到排泄，从

---

1 编者注：在物理学中指的是做简谐运动的质点，其所做具有往复特征的运动总是周而复始地进行着，而每一个循环经历的时间都是相同的，具有严格的周期性特征。周期是时间循环的数值结果，是完成一次完整的自转所费的时间，驻波是间隔一定距离的冠部。周期的倒数就是频率。以时间测量的周期称为频率，它的度量单位是赫兹。

工作到睡觉。

任何关于竞速运动的讨论，最终都会引出一个关于未来发展的问题：人类的速度有极限吗？曾经我认为没有极限，但却一直持有疑问，如今我改变了想法。

尽管关于未来的预测存在着许多的不确定性，但使用物理学预测跑步运动员和游泳运动员永远无法超越的速度是有可能的。根据物理定律，动物和人类的运动可以看作是在做一种"反复倒向前"的动作。由于较高的物体向前的速度更快，所以极限速度的问题可以被简化为在泳池或跑道上检验高度最高的质量倒向前的运动。[14]

在泳池中，最高的物体是水波，其振幅不能超过泳池深度，一般也就是 $h = 2\,\text{m}$。在流体力学中，这种波被称为浅水波，且最大速度 V_{max} 是 $(gh)^{1/2} = 4.4\text{m/s}$。速度最快的游泳运动员必须足够强壮才能产生这样的水波，并且体型要大到可以借助它来冲浪。这样的游泳运动员是否会出现在地球上并不重要，重要的是，在泳池中的速度有其上限（V_{max}），而现今的游泳速度纪录恰好接近 $1/2\ V_{max}$。游泳速度上限是根据物理原则得到的一个发现，未来 100 米自由式还有很多发展空间。

令人惊讶的是，竞速运动也一样可以根据物理原则来讨论。最快的物体要覆盖 $x=100$ 米的距离，其向前倾斜的高度必须小于 100 米的高度。所以下降的最短时间为 $t_{min} = (2x/g)^{1/2} = 4.5\,s$，据此，最快的速度为 $V_{max} = x/t_{min} = 22\text{m/s}$，该速度（令人惊讶）大约是当前 100 米短跑纪录保持者的 2 倍。

运动员是否天生够强壮或够高，可以达到向前倾斜 100 米的高度，并不是我们关心的问题，而且我也不是在暗示人类最终可以达到这个目标。这一发现是物理学在速度持续上升的运动中，放置的一个无法企及的速度天花板，而如今最快的短跑速度约等于1/2 V_{max}，游泳的情况同样如此。

跑步和游泳运动中，"高"是"建构定律"提升运动员速度的秘诀。这在一篇论文中再次获得证实，[15] 这篇论文预测了游泳选手朝着扩张手指和脚趾的方向演进（图5.3）。用张开的手指游泳，就像戴着一层水膜构成的手套——吸附在指头上的薄薄的一层水。这种手套可以让游泳选手在向下推动水时产生更大的力量，并将身体提高到水面以上。在倒向前的游泳运动中，体型和高度决定了速度。

手指和脚趾的扩张揭示出游泳动物出现桨状足与手掌的物理起源。生物学的理解观点是用更大的桨推动水，会提高游泳的效率。不过这个解释经不起仔细推敲，因为更大的桨叶意味着要对周围的水施加更大的力，而不是提高效率。

理论生物学的基本问题，应该是为什么游泳运动员利用更大力量的"桨叶"会有更大的优势？如今，运动员在训练时要稍微扩张手指；所有参加比赛的游泳运动员都会以这种方式游泳，因为这种方式的速度更快（注意是速度，而不是力量，因为这项运动的目标是追求更快的速度）。

新的物理概念说明，为了将身体提升到水面上更高的高度（换句话说，是为了提升更大的重量），游泳运动员必须能够用更大的力量将水往下推。竞速运动中的速度就来自于这项原则，而该原则也适用于其他水中动物。提升更大的重量需要更大的向下力量，而这就是为什么更大的"桨"（扩张的手指和脚趾，无论有没有蹼）是演化生物学中常见的设计特征。

　　游泳运动员和飞行者将流体向下推动，这样他们就会"跑"在借助向下加速流体而间接碰触的地面上。这隐藏在游泳背后的物理机制，在飞机飞行时也展露无遗。飞行中的飞机将周围的流体推向地面，而被推动的流体撞击地面，以这种方式，飞机可以"行走"，但却不会碰到地面（图5.3，下图）。

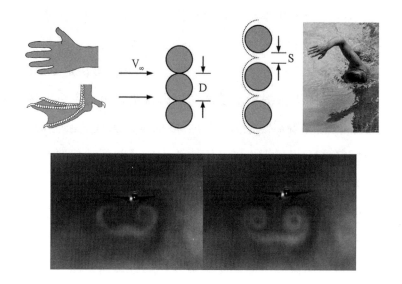

▲ 图5.3

上图：为了游得更快，游泳运动员会张开手指与脚趾。当手指间距与吸附在手指的水膜厚度相符时，手指和"水手套"会形成更大的手掌，以更大的力度拨入水中，将身体提升到水线上，并让游泳运动员达到更快的速度。

下图：飞行的飞机说明了飞行和游泳背后的物理知识：隔空行走。飞行的物体将四周的流体向下推到地面，让喷流"踩在"地面上。（版权同意使用：flugsnug.com。Copyright 2016 by Adrian Bejan）

　　团队运动的演化也得益于相同的物理原理。[16] 在棒球运动中，各个守备位置球员的身高分布可从"建构定律"中窥见，即无论在什么情况下、如何运动、在哪里运动，棒球都可以移动得更快。整体的新兴设计显示了投掷更远的距离需要更大的投掷速度，这就是为什么三垒手通常比二垒手更高（图5.4）。在球场上，整体趋势让球员分配得更好，整体的表现也就更好。

在棒球运动中，最高的运动员都是投手。从1900年到2002年，世界人口的平均身高增加了约5厘米，同时期短跑和游泳运动员平均身高的增长，则足足多了1.5倍。棒球投手的平均身高与短跑和游泳运动员的身高有着相同的增长速度。总之，对于速度的设计演化现象统一了个人和团队运动中看似无关的运动形式与种类。

篮球运动也是一种演化的流动设计，就像倾盆大雨中的河流流域。篮球运动中有什么在流动的呢？是篮球，它从区域（球场）中的任何一点到单点（篮筐）。篮球就像是一滴雨滴，可以落在平原上的任何地方，而篮筐像是河流的出海口。

篮球是如何流动的呢？根据设计，它会沿着持续变化的渠道流动。"渠道"就是球员——运球、传球、投篮、做出正确或错误的决定。进攻球员打开新的"渠道"，防守球员关闭了"渠道"。相比河流流域的刚硬渠道，在篮球运动中，当球在"渠道"间流动时，"渠道"会不断运动、改变形状、打开或关闭。

篮球的流动伴随着自由度和阶层制。更快的球员更常得球，更好的传球员、运球员和投手会更频繁地得球；更高的球员更靠近篮筐，这是最忙碌的渠道。篮球自然地演化为一种阶层的流动设计，并继续向这个方向演化。

平等、平均、相同的上场时间，在这样的演化设计和过程中都不会发生。根据英格兰职业足球俱乐部阿森纳（Arsenal）的传奇后

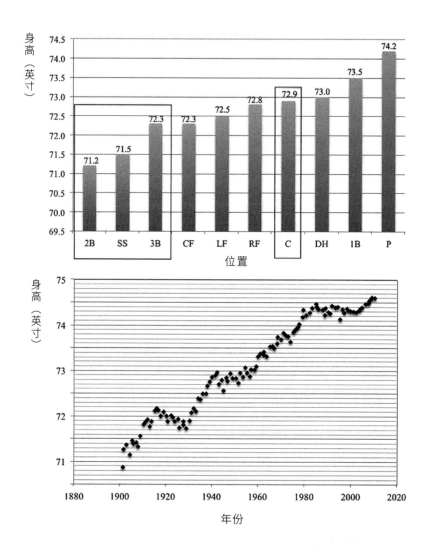

▲ 图5.4

上图: 自 1960 年以来，职业棒球最频繁传接球的选手的平均身高：二垒手（2B）、
　　　游击手（SS）、三垒手（3B）、中外野手（CF）、左外野手（LF）、右外野手
　　　（RF）、捕手（C）、指定打击者（DH）、一垒手（1B）、投手（P）。
下图: 自 1901 年以来，棒球投手每季的平均身高。（A. Bejan, S. Lorente, J. Royce,
　　　D. Faurie, T. Parran, M. Black and B. Ash, "The Constructal Evolution of Sports with
　　　Throwing Motion: Baseball, Golf, Hockey and Boxing," International Journal of Design
　　　& Nature and Ecodynamics 8 [2013]: 1-16. Copyright 2016 by Adrian Bejan）

卫李·迪克森（Lee Dixon）所说："第一传通常是最好的一传，所以就用这个（最好的运动员）。"这一策略对团队运动来说是个伟大的策略，该策略在篮球运动中也因为美国传奇教练"红衣主教"阿诺德·奥尔巴赫（Arnold Auerbach）而著名，他擅长长传的反攻战术。

第一直觉的理论并不局限于运动领域，通常也是解开谜团的正确答案。这就是复杂流程体系结构如何改进任何体系结构的方法，例如发电厂的复杂设计。

一个新设计改变的最大好处，是如果新想法能先实践并被独立完成，会不受其他"好点子"的影响而被复杂化。其他设计的变化（例如运球）也有好处，但这些好处比较小，特别是当改进的效应很巨大时，就显得微不足道。减少来回传递是物理系统的现实状况，也是决定技术是否衰退的指标。长时间地运球就是球队衰退的指标。

直觉来自天赋，也来自训练。这意味着应留意运动赛事的流动（球员、球），在球还没被踢入或掷入某区域之前就可以预判位置。法国足球教练阿尔塞纳·温格（Arsène Wenger）说："你对所做事情的热情，不会因为你做了很多次而减少。每一次足球比赛都是全新的比赛，这一点很重要。"

体育是不断演化的流动结构，与知识（见图9.3）、技术和英语的传播一样风靡全球，具有正面和统合的效果，能提升我们对整个世界的理解力。好的想法更容易流动，会从已知的人那里流动到可以利用并学习改善自我设计的人那里。

前奥运会击剑运动员、现任国际奥委会主席托马斯·巴赫（Thomas Bach）指出："体育是人类存在的领域中，唯一真正能拥有普遍定律的领域。"田径是全球性的，已经自由地传播，并且人人皆知，比英语更加普及。事实上，运动是一个非常容易见到"建构定律"的领域，因为它有单一的目标（竞速运动中的速度、篮球运动中的得分等）。所有人类的存在都是运动，都会向更多、更容易的运动趋势演化。我们可以观察到的运动有多少，阐明物理定律的例证就有多少。虽然人类生活相对于运动来说，并不那么容易被看见，但其背后的定律是一样的，而且这些定律也的确具有普遍性。

这一章的内容是关于体育运动的演化——运动员的表现和比赛规则是一个实验室，让所有人都能够见证、了解其中的演化是物理现象，并且知道它是如何产生和运作的。从本质上讲，田径和游泳运动员与地表上通过奔跑、游泳、飞行等不同方式迁移的动物一样，具有相同的物理原理。跑步的速度来自两种设计特征：身体尺寸和步伐频率。当你掌握了这些物理法则，就可以联想到人类运动演化中的新观点：跳高、拉伸、腿部所占身体的比例、速度的极限、团体运动的演化，以及可以预测组织化运动未来的"水晶球"。

同样的"水晶球"也会照亮下一章，探讨的是更大规模的团队和更宽敞的竞技场：城市建筑的自然演化。

注释

[1] J. D. Charles and A. Bejan, "The Evolution of Speed, Size and Shape in Modern Athletics," *Journal of Experimental Biology* 212 (2009): 2419-2425.

[2] A. Bejan and J. H. Marden, "Unifying Constructal Theory for Scale Effects in Running, Swimming and Flying," *Journal of Experimental Biology* 209 (2006): 238-248.

[3] A. Bejan and S. Lorente, "The Constructal Law and the Evolution of Design in Nature," *Physics of Life Reviews* 8 (2011): 209-240.

[4] Charles and Bejan, "The Evolution of Speed."

[5] 来源文献同上。

[6] Bejan and Marden, "Unifying Constructal Theory."

[7] A. Bejan, E. C. Jones and J. D. Charles, 'The Evolution of Speed in Athletics: Why the Fastest Runners Are Black and Swimmers White,' *International Journal of Design & Nature and Ecodynamics*, 5, no. 3 (2010): 199-211.

[8] Charles and Bejan, "The Evolution of Speed."

[9] M. Futterman, "Bodies Built for Gold," *The Wall Street Journal*, July 27, 2012.

[10] A. Bejan, "The Constructal-Law Origin of the Wheel, Size, and Skeleton in Animal Design," *American Journal of Physics* 78, no. 7 (2010): 692-699.

[11] Bejan and Marden, "Unifying Constructal Theory."

[12] A. Bejan, J. D. Charles and S. Lorente, "The Evolution of Airplanes," *Journal of Applied Physics* 116 (2014): 044901.

[13] J. Berlin, "Gaudí's Masterpeice," *National Geographic*, December 2010, p. 27.

[14] J. D. Charles and A. Bejan, "The Evolution of Long Distance Running and Swimming," *International Journal of Design & Nature and Ecodynamics* 8 (2013): 17-28.

[15] S. Lorente, E. Cetkin, T. Bello——Ochende, J. P. Meyer and A. Bejan, "The Constructal——Law Physics of Why Swimmers Must Spread Their Fingers and Toes," *Journal of Theoretical Biology* 308 (2012): 141-146.

[16] A. Bejan, S. Lorente, J. Royce, D. Faurie, T. Parran, M. Black and B. Ash, "The Constructal Evolution of Sports with Throwing Motion: Baseball, Golf, Hockey and Boxing," *International Journal of Design & Nature and Ecodynamics* 8 (2013): 1-16.

Chapter 6

城市的演化

City Evolution

城市是一个有生命的流动系统，
它随着流动而自由地变化形体，
才能持续不断地获得力量与生命。

城市随着发展而不断变化壮大。从宏观角度来看，城市成长就如同血管增生的过程。各种新生的渠道，像大马路、单行道、立交桥、地下通道或地铁等等，都加入了旧渠道的行列，来缓解不断增长的城市人口的流动。路径出现在人们自由行走的地方，而不是出现在情况相反的地方。如果是僵化而不合理的道路设计，人们就不会沿着道路走。

渠道的出现，以及之后如血管分布般的增生，并不是什么新鲜的现象。它的首次出现，就是村庄中几间房子之间农民和牛行走的泥土小径。街道、主要道路和大道都连接着小径，农村劳动者和动物不断在弯曲的街道上活动，使得道路变得越来越直而宽。所有的这些演化都和文明一样古老。即便是曼哈顿星罗棋布的城市网格（图 6.1），也可以追溯到黄金年代，如公元前 480 年，由米利都[1]的希波丹姆（Hippodamus）[2]设计的罗得岛城。**在演化的过程中，有实际效用的东西就会被保留下来。**

那有什么新鲜的现象吗？一个新鲜的想法是，城市发展之所以有这些特色，源自人类渴望更容易地移动、更容易地拓展到更大的区域，以及想要容纳更多的居民。另一个新鲜的事实是，根据物理

---

1 编者注：米利都是位于安纳托利亚西海岸线上的一座古希腊城邦，靠近米安得尔河口。公元前 6 世纪，它建立起了强大的海上力量，并建立了许多殖民地。

2 编者注：公元前 5 世纪，古希腊繁盛时期著名的建筑师希波丹姆，提出了城市建设以方格网的道路系统为骨架，以城市广场为中心，来充分体现民主和平等的城邦精神，这种规划形式便成为一种主要典范，而希波丹姆也被冠以"城市规划之父"之名。

学原理，这些城市特征是可预测的，因此利用这一原理，我们可以
加速城市社区的规划。

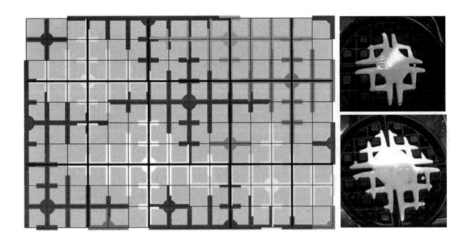

▲　图6.1

环境中的运动看起来很复杂，因为它（路径）留下了横纵的标记并形成网格。这在
城市交通的演化设计中尤为明显，而不明显的则是一个地区的人和货物的实际流
动。每个单一的流动都是树状，从起点到我们感兴趣的点，或是到同一区域内的另
一点。将面糊淋在热松饼铁板上时，也可以看到这种流动。城市网格是那些坚固的
（但不是永久的）基础设施，能够容纳所有可能的树状流动。大的支流（树枝）叠
加形成了大的街道和高速公路，许多小的支流（树冠覆盖面 tree canopies）叠加形
成街道、巷弄、草坪和房屋楼层的网格。城市设计中"少数大的，多数小的"的特
色，与自然界常见的树状流动结构有异曲同工之妙。（Copyright 2016 by Adrian Bejan）

　　这不是一件小事。试问自己，为什么在城市街道的规划上有着
阶层的差异？为什么大街道更少，而小街道更多？为什么一条大街
只连接少数的小巷道？为什么城市的交通设计是离散式的改变（阶
梯式的），而不是连续式的？为什么"城区"的形状是块状的？

　　这些问题的答案，正是流动（circulation），而物理在这里再次

扮演着重要角色。阶层流动结构必须自发地出现，因为它们在一个区域内提供了更容易的流动通道。人类所有的流动，如果不是在某个平面之上，就是在某个空间之中，从个人（一个点 M）到各式各样的目的地（地区、空间），或是从平面或空间到个人。其中平面指的是建筑物、城市、国家和全球的地面；空间指的是整个建筑、地铁站和地下商场。一个地区包含两个维度（长度和宽度），而一个空间则包含三个维度（长度、宽度和高度）。

城市是一个有生命的流动系统，它随着流动而自由地变化形体，才能获得持续不断的力量与生命。在城市规划中，地区（A）可以是一块平坦、分布均匀的土地，以 M 或是港口为中心。想想最古老的人类，要在定居时面临这种流动通道的挑战。这个问题最古老也最简单的解决方法，是将该地区的每个点和共同的目的地 M 用直线连接起来，这样就可以减少居民到 M 花费的总时间。

当人类（包括他的物品和他的牛）只有一种运动模式：走路，并有着相同的速度 V_0，那么直线的解决方法就是首选；农民和猎人能够直接走到市场的所在地（农场、村庄、河流）。如今，我们仍然可以看到这种径向模式的道路设计，特别是在完全平坦和人烟稀少的农村地区。随着时间推移，运动的设计发生了变化。古代的市场如今成为一个更大的村庄，而周围的农民住宅已经形成几乎是等距离的小村庄。这种车轮状的径向尺度，取决于行人和牛在数个小时内可以走完的距离（以便在天还亮的时候能往返工厂或市场）：这个距离大约为 10 千米，即便在现代地图上仍旧看得出来。

一个居住地区一旦经济上够活跃、够规模以及够密集时，其径向安排的居住模式就会自然地消失。会"自然"消失的径向模式，正是城市所代表的自然现象的关键所在。

另外一个演化阶段是马车。这个阶段的人类有两种运动模式，步行和驾驶马车，而马车的速度明显高于步行。这就好比地区 A 变成一个复合材料，有两种传导性质——低和高或慢和快。很明显，每个居民都可以更容易地以更快的速度旅行，并且以直线运动的方式从地点 M 到地区 A 中的任意一点。但这是不可能的，因为地区 A 最终会被车水马龙的道路所覆盖，这些居民以及他们的家园和土地都会失去生存空间。

那么更现代的难题是如何让马车、汽车和街道更接近有限范围的一小群居民，而他们首先必须走路才能到达街道。该设计是将有限长度的街道分配给有限的区域，而逐渐将街道拼凑和联系得更好的秘诀在于，通过流动设计的每个改变，确保能在改变中减少移动时间。

秘密在于，在所有的长度尺度上，在城市运动这样的设计上，缓慢旅行所需的时间与快速旅行所需的时间大致相同，而缓慢旅行行走的距离却比快速旅行要短。不论是行走在城市区块之中还是穿越整座城市，甚至是整个高速公路及全球航空交通系统，这个原则适用于所有的旅程。这一自然设计现象的标志性例子就是亚特兰大机场 [1]。它遵循的物理学原理解释了为什么这个机场的设计是如此高效率，以及为什么新型机场设计的演化都在向亚特兰大机场那样的

---

1 编者注：亚特兰大哈兹菲尔德－杰克逊国际机场，建立在美国亚特兰大市南区与乔治亚大学城相邻的地方。亚特兰大机场是世界旅客转乘量最大、最繁忙的机场。

设计靠近。

亚特兰大机场占据了一个长度为 L、横向宽度为 H 的矩形区域。短距而慢速的旅程是沿着长度为 $H/2$ 的大厅，以速度 V_0 行动。长距而快速的旅行则是乘坐摆渡车，以速度 V_1 在长度为 L 的中心线上行驶。面积 HL 的区域被无数点——面积的人流和货物所横扫。一个这样的流动源于新航班抵达的每一个闸门，而这些流动中最大的一个源于航站楼，然后进入整个区域，并且在这个矩形区域中可以找到通往所有登机口的路径。我们很容易就能证实，在面积 HL 中，提供最短行程时间（在 HL 上所有可能的点到区域的行程时间的平均）的矩形，其长宽比为 $H/L=2V_0/V_1$，而这个比例大约为 1/2，恰好吻合亚特兰大机场目前设计的形状。

这个特别的形状隐藏着一个重要秘密：在大厅上步行（短距而慢速）的时间与乘坐机场摆渡车（长距而快速）的时间是一样的，在亚特兰大机场中大约是 5 分钟。这个时间的平衡是所有城市设计和世界各地运动的自然规律。这个特别的形状 $H/L=2V_0/V_1$ 决定着城市设计元素的演化，因为随着技术的进步，车辆速度也随着时间延长而加快。更快的车辆使城市区块的分布变得更细长，也就是更小的 H/L，以及更大（更长、更宽）、通行更快速的街道和两侧更多的房子。细长是一种长度大于宽度的二维结构，像罗马这种古老城市的中心会有一个小型的正方形广场，或者是长度较短的街道，这勾起了我们对古代的车辆、牛车和马车的回忆。古代的都市中心与汽车时代出现的新兴社区形成了鲜明对比，后者更稀疏并有着更长的街道、更细长的区块和更多建在街道两旁的房子。

在一个城市的设计中，在最小的尺度上，时间平衡是从房子走到汽车，与行驶在小（短、慢）的街道上之间的关系。在下一个长度尺度中，时间平衡则是行驶在小的街道上和行驶在大马路（长、快）上之间的关系。接着是更大的尺度：更大的大道和高速公路。从高速公路开始，城市的流动设计结合了长途火车和航空飞行，包括短途航班和长途航班，而将整个世界连接起来。

城市设计的关键物理层面在于每个人的移动都涵盖了一个平面（或一个空间），并不是单纯地从一点到另一点，而是一个更大整体的一部分。正如我们在亚特兰大机场的例子中看到的那样，一个个体有很大的自由度去选择最快速且最有效的路径。这样一个运输区域形状的成功，来自于人们共同的渴望，即更容易地从一个区域到达另一个区域。

这里有一个简单的例子，说明只要能让流动更为顺畅，路径会自然而然决定传输区域的形状。然而，整个传输区域的形状并不是每个人的想法，毕竟人们只是想着如何更顺利地到达目的地而已。不过秘密就藏在形状里。

假设一个矩形区域 $A = ab$，其中 a 和 b 是矩形的两边，而步行是穿过这个地区的唯一方式。把它想成是一块位于你家大门和你的车子之间的草坪，而你的车子停在草坪周边的某个地方。为了简单起见，假设大门位于矩形的一个角落，而车子停在对角。你最容易抵达汽车位置的路径，是从一个角落到另一个角落的直线，这条路径的长度取决于区域的形状。当区域是正方形即 $a = b$ 时，路径最短。这就解释了为什么在固定大小的区域上，寻求更容易的路径就是选择区域形状。固定尺寸这个基本条件也适用于亚特兰大机场的形状。

回到草坪的例子。假设你的车停在两个街道（a 或 b）的任何地方而不是房子所在的角落，这些街道是 A 的侧边。在这更普遍的情况下，我们可以通过将 L 形周边上所有可能点的所有路径长度相加，来计算从大门到远离大门的 L 形周边的任何点的路径长度。将所有点到大门的路径长度相加，代表着整个生命周期中，所有车子可能停靠的位置到大门的距离。在这个过程中我们发现，当草坪区域为正方形时（$a = b$），总和是最小的；当车停在相反的角落时，考虑到最适合个人使用的草坪形状与草坪的使用寿命，此时汽车可以停在与该区域相邻的两条街道上的任何地方。

所有的城市设计演化都出自这个秘密，即无论如何都要通过一个区域。这个秘密的证据既有街道的网格这样可见的部分，也有街道穿过的区域的形状这样不可见的部分。从大门出发走过草坪抵达车子，只是一个缓慢运动的例子。乘坐汽车沿着直线行驶，等同于发现穿越区域的路径。街道是可见的，但街道横贯的区域是不可见的。如果街道是烤肉的铁扦，那么区域就像是铁扦上的肉。

如果街道上纵向与横向的车速都相同，那街道横贯的地区就是由大大小小的正方形组成的，如同古罗马城中心的模样。在亚特兰大机场的例子中，一个方向的速度明显大于垂直该方向的路径速度。在这里，运输地区的形状是细长矩形，在速度较快的车辆方向上的长度较长。一个面积的组成元素，其穿越速度较快的组成部分比穿越较慢的组成部分要大得多。速度慢的地区被嵌入到速度快的地区中，在这样的结构中诞生了可见的街道"网络"，有少数大的和许多小的，形成了城市规划中随处可见的点——面积的树形图。不明显的部分则是一个运输区域包含在一个更大的运输区域内。

　　城市中的生命运动包括一切因人类生命、人及其物品、垃圾、交通工具、通信工具以及动物而移动的东西。城市形态的发展演化是为了用更多方式提供更简便的路径，不只有前述例子中所提及的较短的通行时间。更容易运动也意味着运动一段距离的同时，消耗更少的燃料。预测城市设计如何出现的理论论述，与预测亚特兰大机场的形状设计类似，却更为精确实际。这样的理论论述具有象征性，也是**城市经济的基石**。

　　我们用图 6.2 中所展示的矩形区域 $L_1 \times L_2$ 作为例子来说明。在这个区域中，总质量为 M 的货物由一辆承载质量为 M_1 的大型车辆，与一些承载质量为 M_2 的小型车辆（其数量为 n）运送。面积和总质量 $M=M_1+nM_2$ 是固定的。可变量是区域的形状（L_1/L_2）和车辆的相对大小（M_1/M_2）。关键在于不同的经济规模尺度中的物理现象：较大的流动系统（在这个例子中是运输车辆）是更高效的运输者[1]。发动机、机器或动物的效率与它们的质量是指数关系，指数 a 大约介于 2/3 到 3/4 之间，换句话说，a 的数量级是 1 但是会小于 1。为了将质量移动某段距离，所消耗的燃料与距离乘以质量大小的 $1-a$ 次幂成正比。这就是为什么在图 6.2 的区域中，用于移动总质量 M 的燃料消耗与 $M_1^{1-a}L_1+n M_2^{1-a}L_2$ 成正比的原因。

　　由于共同的愿望都是节省燃料的消耗，我们可以预测这种正在演化的设计存在的两个特征。第一个特征是城市区域的形状应该是 $L_2/L_1=(M_2/M_1)a$，这意味着较大车辆的行程应该与较长的尺寸一致。第二个特征是 M_1 应该要与 nM_2 相同，以保持较大运输者所携带的质量与所有较小运输者所携带的质量之间的平衡。在动物学中，这种平衡就是大家熟知的食物链，如图 6.2 所示。在有限范围的土地

上，行动快速且可以移动距离更远的大型动物，与许多短距离内移
动较慢的小型动物共同生活。在这种自然的阶层制度中，动物们不
会"竞争"，而是会一起流动。它们形成了一种最好的动物流动，不
断地耕耘、养育、收割并重新耕耘这片土地。

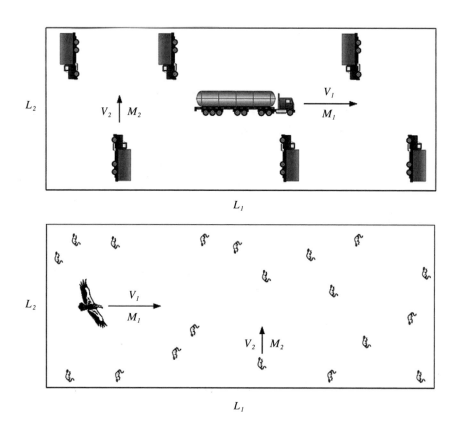

▲ 图6.2

"少数大的，多数小的"也是全球货物运输的阶层结构。在优化运输结构的过程中，
运送相同货运量所需的小型车辆数目，会与大型车辆数达成特定平衡，而大小型车
辆所行距离 L_1、L_2 之间，也会达到特定的比例。"少数大的，多数小的"的结构，
也是陆生、水生以及飞行动物的运动方式。动物群体流动的设计就是我们自己，是
我们作为一个席卷全球的人类和机器物种设计的先驱。(Copyright 2016 by Adrian Bejan)

不是所有城市中的血管演化特征都是块状的——类似亚特兰大机场。有些演化的形状则类似叶脉，例如市中心的隧道，或是九龙与香港本岛的港口之间的地下隧道。更令人惊叹的是一个城市周围的环形道路，例如巴黎的外环（Le Péripherique）和华盛顿的环状高速公路（Beltway）。这些城市演化的所有特征，都源自于人类渴望更容易地通行。它们的出现可以根据相同的原理，用研究亚特兰大机场形状的方式去预测。

以下是如何预测一个城市的环城快速路何时产生。首先，将城市仿真为一个圆形区域（参见图6.3）。为了模拟城市的成长，假设在 $t = 0$ 之后的某个时间间隔内，城市的直径随着时间线性增加，也就是以 $D = D_0(1+r_D t)$ 变化，其中增长率 r_D 是一个正的经验（可测量）常数，而 D_0 是在时间 $t = 0$ 时刻的城市直径。

其次，注意到从 A 到 B，穿越城市的速度（V_0）小于在环城快速路上的行驶速度 V_b。而现代城市的设计，由于行人专用的购物街道、单行道和路灯的建设，V_0 会小于 V_b。另一方面，汽车和高速公路的工业技术，加上法定限速的上升，V_b 相对于 V_0 来说会随着时间延长而增加。为了说明城市交通演化设计中的这一特征，假设 V_0 是常数，则 $V_b = V_0(1+r_V t)$，其中 r_V 是另一个正经验常数。

环城快速路 (b) 的建设很有吸引力，因为从 A 到 B 经由（b）所需的时间比直接穿过城市的时间更短。我们可以很容易地得出，环城快速路出现的时间是 $t_b = 0.57/r_V$。此时，环城快速路的直径为 $D_b = D_0(1+0.57r_D/r_V)$，而环城快速路上的车速为 $V_b = 1.57/r_V$。

在环城快速路出现之后（$t=t_b$），城市规模持续增长，高速公路的限速也是如此。想象一下时间为 t_c 时，城市的规模增长到新的尺

寸 $D_c=D_0(1+r_D t_c)$，不论是在任何快速公路、直线公路，还是弯曲道路、新旧的道路上，快速路的限速都可以表示为 $V_0(1+r_V t_c)$。在这个时候，一条更新、更大的环城快速路（c）可能比第一条更有吸引

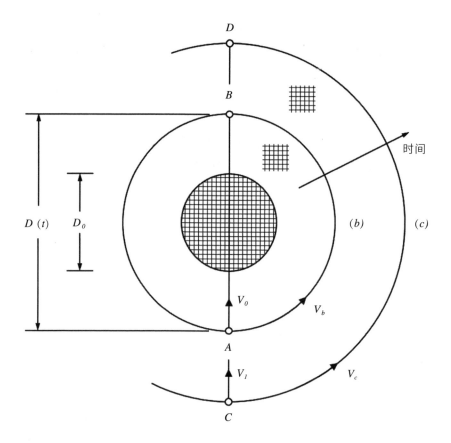

▲ 图6.3

经济蓬勃发展，城市规模不断扩大，而街道上的交通速度却慢于大道和高速公路上的速度。当城市规模变得足够大时，城市边界上完全相反的两个点之间的通道，可以通过环城快速路而变得更容易（更快）通行。随着城市规模和高速公路的速度不断增长，一条更大的环城快速路提供了比第一条更宽阔的通道。区域生长（体积、速度）是渐进的，而区域上的血管流动的形态变化则是阶梯式的。这就是生命与演化：城市现象说明演化是可以被预测的。（Copyright 2016 by Adrian Bejan）

力。这样的情况会发生在路线 CcD 上行驶的时间比路线 CAbBD 更
短时。在（b）和（c）之间的新兴邻近区域中，速度（V_l）将大于
市中心附近的速度（V_0），因为新区域有更长的区块以及更宽广的街
道，而它们的"格点"有更大的环城快速路。这种道路的演化是由
于汽车技术的进步，而这意味着速度的变化。如果我们将 D_c 与 D_b
做比较，或是比较环城快速路（c）——沿着 CcD 路线行驶的时间
与 CAbBD 路线上的行驶时间，就可以确定新的环城快速路的大小
和位置，以及它受欢迎的时间点。

综上所述，规模大于现有环城快速路的环城快速路会不断地出
现。在经济繁荣的现代城市就是如此，这也是越来越大的同心圆结
构的环状道路会自然出现的原因。

为什么必须了解这些事呢？假如我们能够从人类渴望拥有的更
顺畅的道路中，预测出更多的城市特征，那么我们可以相当有信心
地预先设计出能为人们服务且更持久的城市特征。比起被迫移除和
多次重建，在正确的地点和正确的时间建起新的道路则更为经济。
根据可被证实的科学原理去预测未来，并建构需要改变的部分，比
起不断地试错更经济、更迅速。在这里，在城市的演化中，我们可
以清楚地看见科学（物理学）的演化多么有用。

我和我的同事已经展示了未来都市设计的力量，将"建构定律"
应用到需要从拥挤的平面或空间中，快速而安全地疏散人们的基础
建设（居住空间）的设计。[2] 首先尤为重要的是，要注意到行人的
运动是人类生活中最基本的物理层面，且会影响整个疏散计划——
从行人运动到建筑结构、工程及交通。在社会动态学与都市学的课
题上，过往已累积了许多经验法则。能够帮助行人疏散的结构，在

所有人类活动的领域中都是核心，并且在一些紧急情况中至关重要，例如火灾、爆炸、意外事故、踩踏事故、恐怖袭击、龙卷风及海啸等情况，能够最快地撤离人群是首要考虑的。

设计安全的疏散计划并不是一件简单的事，这是因为随着移动人群密度的增加，行人移动的平均速度是急剧下降的。[3] 这种效应既剧烈又危险。当稀疏的人群移动速度为 1.3m/s 时，行人之间的平均距离大于 1.5 米；而当行人之间的距离在 0.5 米以下时，人群会停止移动。巧的是，0.5 米的临界间距再次阐明了我在第五章详细描述的自然现象：走路是反复向前倾的身体运动。在这个运动中，为了让向前倾的身体恢复垂直对齐，人就一定会向前移动。对人类来说，前进步伐的平均长度约为 0.5 米。当这个间距的空间不够时，即使身体没有接触，向前走也不可能，人群就会停下。

这就已经足够危险了，当后续的人群（松散、快速、还没被压缩）撞向停滞不前的人群，并要超过他们时，危险性会更大。这是一种逃窜的物理学，这些现象及背后的原理为未来的设计提供了如何避免它发生的方法。

目前，生活空间中的疏散计划是借助复杂而昂贵的数值来模拟人群的动态。从流体动力学到认知科学，都依赖这类模拟程序。而更简便的方法是基于一个原理，也就是所有流动系统的设计演化都朝向一种形态发展：一种能提供更多路径让其流动的形态。行人从居住空间疏散就属于这种流动的系统，而设计得越来越好的疏散配置，则是一种可以促进并快速向前的演化设计。

这个方法包括了发现一些空间结构，能够减少全部或部分疏散所需时间，这一前瞻性的设计工作需要找出生活空间结构与疏散时间之间的关系。我们会在一系列的设计特征中——从最简单的构筑区域（例如直线的走廊或圆形的转角）到比较复杂的结构（一个或多个分岔走廊），阐明这个关系。每一种情况下的目标都是去确定生活空间的几何学与人口密度之间的关系，以及从空间中疏散有限数量的人所需要的时间。而最终目标则是确定可以帮助从地上到地下的整个空间内行人疏散的几何形状。

　　例如，我们从长方形区域的行人疏散的演化设计中，或者听众坐着的演讲厅或飞机舱内的走廊中，发现两个基本特征。首先，地板的长宽比，可以由长和宽之间的比例以及总疏散时间的最小值计算而得知。第二，每个通道的建筑面积逐渐变窄，这样可以进一步减少总疏散时间（图 6.4）。更具体地说，当计算出来的大厅长宽比约为 1 的时候，疏散时间会达到最短。让座位区的通道变窄就能提高疏散的效率，满足这个形状比例的演讲厅，能使疏散人群的时间减少 20%。

　　城市的设计不仅会向内扩张并朝向更高密度，也会垂直地扩张。一栋建筑物或一座地铁站是一个三维的生活空间，所以具有两个长宽比，即地板的形状和侧面的形状（楼层数）。现在可以确定这两个特征，让疏散的总时间变得最短。而这些发展的根本价值，在于它们可以应用于设计现代城市中更大、更复杂的生活空间。人群的疏散是对未来"可持续性"的主要考量之一。

　　城市路径的三维设计则是未来的趋势。对于占领华尔街（纽约）的观察者来说，这是显而易见的。在纽约市，占据某个地区会使得这个城市中较大的区域停滞不前，随之而来的是居民和企业的强烈不满。而区域停滞不前的原因，在于纽约的人行道和汽车交通的设

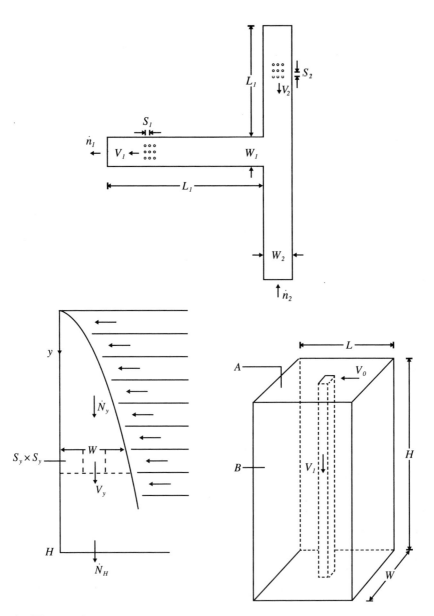

▲ 图6.4

演化的设计特征对比行人的安全疏散：T形人行道有两种宽度、两种速度和两种人群密度；锥形通道让从各个座位涌入的人潮得以维持均匀的速度；高楼采用正方形楼板设计，并于中央设计电梯通道。（Copyright 2016 by Adrian Bejan）

计都在同一个水平面上，即街道，而街道是二维的。

　　用一种物理的流动系统来模拟疏散人群是有用的，因为群众在疏散期间并不总是处于一种极端的竞争行为模式。如果下面的因素结合在一起：通道空间严重受限、乘客的负载密度过高、群众不知道路径和出口的位置、缺乏适当的紧急应变计划、普遍意识到严峻而负面的后果，就会出现例如无法到达安全处、普遍意识到逃出时间严重受限、有强烈的反应倾向于使用最熟悉的路线，以及负责人无法保证出口处的通畅等情况。

　　在建筑物施工前，一定要先考虑紧急情况（比如火灾）的安全撤离时间。这可以通过计算检测的时间、警报时间、移动前的时间（包括反应时间、辨识时间以及查找路径的时间），以及到达安全地点要花费的时间，来估计安全撤离的时间。各种消防安全措施也包含在这个设计中，例如民众数量的负荷与控制、充足的逃生口及逃生通道、使用检测和警铃广播通知系统、明确的方向标志及出口标志、烟雾控制系统以及火灾安全管理计划等。善用这些措施可以消除导致群众产生恐慌甚至极端竞争行为的因素。在安全撤离时间的计算中，主要考虑的应该是建筑物的规划以及它的几何形状对疏散时间的影响。

　　找到紧急情况下可以提供更快撤离建筑物结构的方法，要通过大量的数值模拟，而基本设定则是要有相同目标（也就是逃离）和随机移动的行人。当设计基于全体流动路径和其组织之间的基本关系——一个可以自由变化形体的流动系统时，搜寻就可以变得更迅速、更高效。这种根据定律方式来达成城市化的实际价值，可以通过整合本章所说明的例子的基本特征（建筑区块）来设计出更为复杂的结构，以及更高效的疏散方式。

　　最重要的一句话是：城市的自发变迁，让我们看见演化背后的物理。城市是一个流动系统，它具有自由变化的建筑、许多小的街道、几条大的街道和环城快速路。而在其中流动的，正是我们人类。持续变化的设计包含着一种自然的阶层结构，在每一个层级和每一个流动中冲击着我们：行人的移动、交通、货运及紧急疏散。放到更大的尺度来看，地表的人们终其一生的流动，也是如此不停演化的。在下一个章节中，我们会聚焦于流动与变化设计中的"成长"。

注释

[1] A. Bejan, S. Lorente, B. S. Yilbas and A. Z. Sahin, "The Effect of Size on Efficiency: Power Plants and Vascular Designs," *International Journal of Heat and Mass Transfer* 54 (2011): 1475–1481; S. Lorente and A. Bejan, "Few Large and Many Small: Hierarchy in Movement on Earth," *International Journal of Design & Nature and Ecodynamics* 5, no. 3 (2010): 254–267.

[2] C. H. Lui, N. K. Fong, S. Lorente, A. Bejan and W. K. Chow, "Constructal Design for Pedestrian Movement in Living Spaces: Evacuation Configurations, *Journal of Applied Physics* 111 (2012): 054903; C. H. Lui, N. K. Fong, S. Lorente, A. Bejan, and W. K. Chow, "Constructal Design of Pedestrian Evacuation from an Area," *Journal of Applied Physics* 113 (2013): 034904; C. H. Lui, N. K. Fong, S. Lorente, A. Bejan and W. K. Chow, "Constructal Design of Evacuation from a Three-Dimensional Living Space," *Physica A* 422 (2015): 47–57.

[3] A. F. Miguel and A. Bejan, "The Principle That Generates Dissimilar Patterns inside Aggregates of Organisms," *Physica A* 388 (2009):727–731; A. F. Miguel, "The Emergence of Design in Pedestrian Dynamics: Locomotion, Self-Organization, Walking Paths and Constructal Law," *Physics of Life Reviews* 10 (2013):168–190.

Chapter 7

成长

Growth

时间的逝去是自然的，
方向也是单一的；
它并非徒然流逝，
也不会周而复始，
一旦开始就不会回到原点。

1961 年，Bic Pen 圆珠笔风靡全球。这是件好事，不过对于我成长的贫穷国家来说，这种无法长期拥有的观念却是残酷的——Bic Pen 圆珠笔被设计为可抛弃式，它是可以被丢弃的！这种观念在我成长的文化里是会被嘲弄的，即便是一块祖母用来教我在石板上写字的尖石（铁笔）都不能被丢弃。

简而言之，Bic Pen 圆珠笔的故事是一种流动结构的成长现象，将某些有用的东西传播出去，而随着时间消逝，新奇感也会消失无踪。在我父母的年代甚至在更早之前，钢笔是一件非常特别的东西。由于通常只有医生会随身携带并使用钢笔，因此可以一眼辨认出他们不是工程师或会计师之类的人。这支笔是专属于私人并被妥善保管的，会被完好地放在胸前的口袋里。

过往珍贵的物品，如今却成为微不足道的东西。新的工艺品会更好，因为它比旧的型号更加便利有用。从旧到新的改变就像旧手机、老旧的冰箱等，**制造的目的就是为了被丢弃**。

新的职业也会更好，而过去受人尊敬的职业，如今却会被降级甚至淘汰。就在 20 多年前，大学教授与医生由于自身的博士学位，只担任高阶的专业工作，然而如今他们需要花一半时间填写一大堆在线表格。新出现的职务是行政人员，他们的数量大幅增加，而秘书人员的数量却在减少。

所有的成长都是这样发生的。200 多年前，驱动工业革命成长的力量，正是人类对"动力"的渴望。100 多年前出现的电气革命，则是由工业革命推动的。如今，"动力"被视为是理所当然的，如果没有发电厂里无数引擎每分每秒提供的动力，从微观电子到通信的新技术，甚至战争，就都不会存在。

"二战"期间，生产石油的国家很少，其他国家只能发展以煤炭合成汽油的技术。没有油田的国家只能在近海与海岸周边发现一点石油的踪迹。但如今，石油的生产者与消费者遍布全球。

我们在地球上运动的演化，与燃料的消耗息息相关。航空旅行过去只属于精英阶层："那些乘喷气式客机（jet setters）到处旅游的富豪"。时至今日，似乎每个人都可以进行一场航空旅行。航空旅行可以被视为各类质量在空气中的运动，空中客车（Airbus）的制造商不正是称呼他们的飞机为"客车"吗？

当技术发展得越来越成熟时，就会有越来越多的新设计出现在领奖台上，就像奥运的奖牌得主一样。这些新设计虽然看上去不一样（差异性），但是它们展现的性能却是一致的（结构性）。随着技术的成熟，我们能看到差异性与结构性携手合作，而两者都需要更好的流动。与任何一个河流流域一样，差异性在于其中的细节（弯曲的河道、湿润的泥土、倒下的树木）；组织结构则是整体的设计，就像每一条河流的主要水道都有固定数量的支流。差异性与结构性都在一个生命演化的设计中自然地同时发生。同样，这种情况也出现在古老的河流流域、动物的肺脏、古老的技术、古代国家，以及有一百多年历史的"现代"奥运会上。

依靠成熟的技术，流动能够更完整、更快速、更长远地成长。而当具有竞争性的设计（那些最具竞争性的表现）不断增加时，通常会有一种以上的设计帮助流动传播。从 Bic Pen 圆珠笔到最新款的汽车，它会出现在我们能想到的每一项技术中。

一个新的想法或技术一旦贯彻实行，就能够增强我们的能力，让我们能做出更好的设计变革，这种变革是有益的，对促进运动或维持动力很有帮助。更容易运动的自然趋势，就是为什么新的知识（有能力影响设计的改变）会成长，以及为什么会有人需要获得知识并传播知识。

每一项创新的传播——不论是一个想法，还是一项技术——都有显著而"典型"的历史，很像病毒的传播或是成长的癌细胞（图7.1），但并不一定是负面的。一开始，这些创新仅仅局限在少数的前沿群体内。过了一段时间，创新的传播速度会急剧上升，如果上

族群大小（单位生物质量）

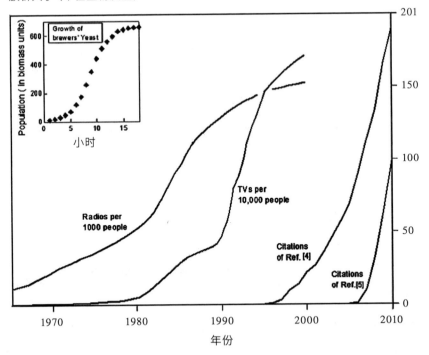

▲ 图7.1

S形曲线现象到处可见：啤酒酵母的成长、电视与广播的传播、一篇科学文章读者群的增长，以及资源开采速度（矿石、石油的提炼）。(Copyright 2016 by Adrian Bejan)

升趋势快得惊人，我们会说它"爆红"（went viral）了。当接纳创新的总人数看起来已经达到最高点时，这个扩散的速度就会渐渐停止。这类饱和减速的现象，就像圣经中说的："没有一位先知在自己的祖国受欢迎。"（《路加福音》4:24）

2010 年 11 月的某一天早上，我与新院长汤姆·卡苏莱亚斯（Tom Katsouleas）共度清晨咖啡时光，他惊讶地提到"建构定律"的使用在学术界的成长。我笑着说，成长当然需要时间才能持续向前！他接着说，每个新想法对于潜在的使用群体都有一个 S 形的成长历程。

当我听到这些，脑袋已漫游到一个想象的场景里。在那里，我可以看到一个新想法如何在其中传播，赋予接触到新想法的人全新的力量。我看到这种流动从出发的原点到达终点，还会看到它随着时间变化，侵略并渗透到某一个区域。在安哥拉雨季之后的几个月里，我看到奥卡万戈三角洲的成长并冲击着博茨瓦纳沙漠（Botswana desert）"这座墙"。这种"慢 - 快 - 慢"的历程冲击了我，它是大自然地壳尺度演化的设计核心，其中还伴随着人类生活对它的影响。毕竟奥卡万戈三角洲的流动是属于无生命世界的一部分，并不同于知识的传播；换句话说，设计变化的传播是通过善于使用知识的人们。

为什么我这么肯定呢？因为在我与院长喝咖啡的几个月前，西尔维·洛伦特教授（Professor Sylvie Lorente）和我利用"建构定律"预测了这个现象。[1] 如果我告诉你怎么做，你可能会以为我在开玩笑，毕竟我们的想法并不吸引人，而工程学家似乎没办法像物理或是生物学家那样登上头条新闻。然而，这种具有预见未来和预测能力的工程起源却已愚弄了许多人。"建构定律"就像热机与热力学定律一样，全来自于工程学。

当我们从图表来看时，演化面积或体积的流动成长应该随着时间以 S 形曲线的形式增长，这里就要说明如何去预测 S 形曲线。当一台热泵在炎热的季节为房子降温时，它会散逸出数倍于热流的热能到四周环境中。当人口不算稠密时，如何排热并不是最重要的设计。我们的大气层，也可以说是天空的巨大"下水道"会负责这个工作。相同的环境在寒冷的季节中用来供给热流，热泵必须从四周的环境中抽出热能，将它（成倍地）注入到居民家中。夏天是热流排散的管道，到了冬天却成了热流的来源。

当人类的居住地变得稠密时，逸散与抽取热能就变成一个急需关注的问题，毕竟没人愿意活在其他人排放的废气中。在这个演化的方向上，在未来所有的城市生活中，周边环境和兴建住宅时规划的土地同样重要。未来的热泵必须要将热能逸散到地下，并能够从地下吸收热能。

如何将热能从河口（热泵）传播到有限范围的三角洲（住户周围的地面）是我们已解决的流动设计问题。首先，热能必须被流体经过地下输送管道输送出去，并穿过整个领土。在最初的侵入时期，环绕在输送管周围、被加热的土壤体积是很小的，但随着时间延长会加速增加（图 7.2）。

接下来，温度较高的流体已经流通到领土中所有的渠道之后，热能会从渠道的边缘传递到周围的土壤中，这就是"固化"（consolidation）的状态：它的英文词根"固体"（solid）在"固化"一词里暗示了热充斥于相邻渠道之间的间隙。

我们发现，被加热的地面体积与时间的关系图呈现一个 S 形曲

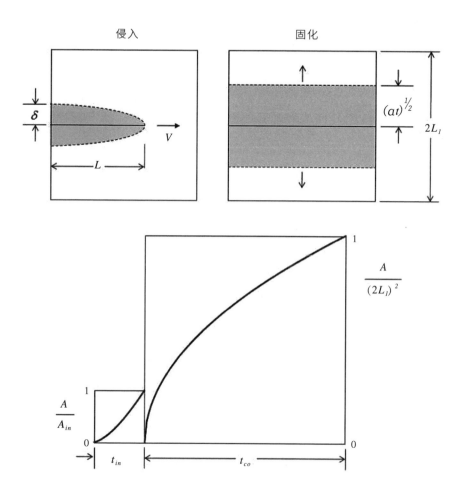

▲ 图7.2

S 形曲线是一个 J 形及接续的 Γ 形。侵入阶段的曲线形状（J）接下来是横向传播的固化阶段（Γ）。扩散覆盖面积随着时间的变化，呈现出 S 形曲线，而这是由背后的结构（模式、组态）演化而来的。实际的流动可以往两个方向演进：从点到面或体积［传播的流动（spreading flows），例如图 7.1］，或从体积到点［聚集的流动（collecting flows），如采矿、收成］。S 形曲线最陡峭的部分发生在侵入到固化的过渡时间（t_{in}）。(Copyright 2016 by Adrian Bejan)

线，而这也是可以被预测的。S 形曲线很容易理解，因为侵入与固化这两种状态都是已知的，包含它们的交点，这标志着 S 形曲线的拐点。从"建构定律"中我们可以预测到侵略的渠道呈树状式（图 7.3），这与个别单独的针状结构相反（图 7.2）。沿着更陡峭的 S 形曲线流动，从点到体积（或面积）会流动得更快速、更容易。当侵入的树状组织变得越来越复杂时，各个阶层结构会出现更多支流，S 形曲线也会变得更陡峭。[2]

一个地区拥有越多能变化的自由度，侵入的流动就越能快速地覆盖它的领土，从现代战争中也可以得到证实。假如主要渠道与支流之间的角度是可以自由改变的（不像图 7.3 中，它们的夹角被固定在 90 度），角度则可以被微调，会使点到体积的流动 S 形曲线最陡峭。我们发现，当角度可以被自由地调整时，在所有的分支层中，角度应该会接近 100 度，这样支流会沿着主要渠道的方向向前流动。能够自由调整成长角度的树看起来更自然，就像人字形设计中的小溪与山丘的斜度、针叶树的最小枝干，以及雪片中如针叶的形状。我们将在本章结束前回来讨论如何预测雪片结构。

大自然所呈现的 S 形曲线是一种历史记录，记录了地面上和体积内的树状结构的成长过程，而最终整个区域将被扩散填满。扩散是一种流动的现象，这些流动与局部梯度（local gradient，或者说斜率）成正比，局部梯度是驱使流动的动力。在侵入线附近的斜率和流量，大于远离侵入线的地方。

任何东西在一个领域传播时，领域的大小与时间所呈现出的曲线关系必须是 S 形的：缓慢的初始成长，紧接着是较快速的成长过程，最后再度回到缓慢的成长速度。传播速度与时间对应的曲线关系则是一个钟形。

这个现象非常常见，还会出现在看似并不相关的研究领域中：生物群的成长、动物的身体、花园里的木头数量、雪片的形状、癌

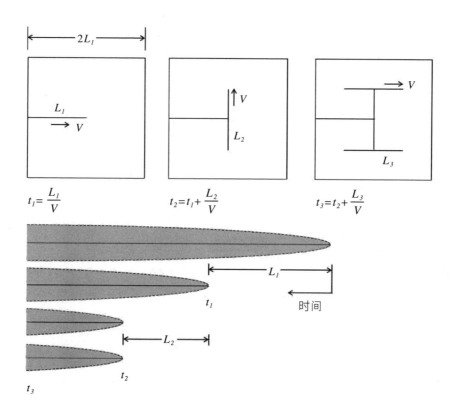

▲ 图7.3

树状的侵入显示了在侵入线附近，扩散覆盖的手指状区域。最长的手指状区域围绕着"树干"开始，并且到达 L_1 的侵入线，然后第二长的手指状区块是从 L_2 开始。最短的手指状区块从 L_3 开始。每一个传播流动或是聚集流动的侵入—巩固模式，都有它们自己的 S 形曲线成长历史。树状结构在自然界中是非常普遍的，因为它帮助了从点到体积以及从体积到点的流动，所以这代表着在自然界中出现的 S 形曲线是最陡峭的。（Copyright 2016 by Adrian Bejan）

症肿瘤、化学反应、污染物、语言、新闻、通信、创新、技术、科学发现、基础建设与经济活动等等，它涵盖了有生命与无生命、社会与技术的范畴。我们在下一个章节中将会看到，每一篇论文的引用历史也可以很清楚地看到 S 形曲线现象，而这些引用会对应每个作者 h 指标（h-index）的增长。[3]（更多关于科学论文发表与作者的相关信息，请参见图 8.2 到图 8.5。）

　　自然界观察到的 S 形曲线具有普适性，并不局限在某个特定数学形式的 S 形曲线。事实上，在说明"侵入—固化"的流动时，我们就指出了 S 形的数学曲线并不是唯一的，而这个具有普遍性的倾向才是唯一的：在各种各样的流动系统中，覆盖面积随时间成长的演变，呈现出类似英文字母 S 的曲线。

　　S 形曲线在自然现象中的普及程度可以和树状结构的流动相媲美，这种树状结构的流动也同时出现在有生命、无生命以及人类的领域中。两个现象体现了自然趋势倾向产生设计改变，持续地变化让流动更为顺畅的结果。

　　这些预测同样可以应用到汇聚型的流动中，即将河流从某个地区（此处指河流流域）中牵引出来，并且牵引它们到达一些分散的点。河流流域的成长历史也是 S 形曲线。对于这些汇聚流动的 S 形曲线，转折点对应的是流量变化的巅峰时期；在石油提炼中，就是广为人知的哈伯特顶点（Hubbert peak）[1]。早在 20 世纪，石油开采

---

1 编者注：1953 年，美国地质学家金·哈伯特（King Hubbert）大胆预言，美国石油生产速率将于 20 世纪 60 年代末至 70 年代初左右达到顶峰，之后就会一直下降。这种情形叫作哈伯特顶点（Hubbert's peak）或石油顶峰、油峰（Peak Oil）。

技术的流动结构就已经由单一油井（一个直的、垂直的轴）发展到树状油井（dendritic well），向更有用、更有生产力的方向发展。单一油井是一种单线侵入（single-line invasion）的设计，而如今，树状油井是一种树状结构侵入的设计。这个设计如今已经成为全世界矿业的指标，包括煤炭、天然气、金属以及矿物。

　　S 形曲线的成长现象结合了扩散的流动与汇聚的流动，以及有生命与无生命的流动。在人类活动中，它结合了城市基础建设的设计与采矿业的地下通道。矿区所开采出的矿物体积，也是沿着 S 形曲线变化的。因此，这个具有普遍性的 S 形曲线现象揭露了"成长极限"背后的物理基础，以及人口与技术被预期会停止发展的时间点。这个物理学也是扩散与汇聚的周期现象的理论基础，就像呼吸（吸气与吐气）、药物运送、排泄、雨水（从河流流域到三角洲）与血液循环系统。

　　当代许多关于世界末日的演讲，都提到世界正处于一种要"爆炸"的状态，或是处在一个"指数成长"的状态。根据 S 形曲线现象的物理原理来看，所有这类的演讲，充其量只是看见 S 形曲线刚开始的部分。如今看起来如爆炸般的急剧成长，或许明日过后就像撞墙期般缓慢。

　　我们要注意"指数增长"在数学上是不可能的事。指数曲线从 0 以上开始向上增加的时间，是从 $t = -\infty$ 开始的，这可以对应宇宙大爆炸之前的任何时间。真正的 S 形曲线从 $t=0$ 开始，那时候 $A=0$，其中 S 形曲线中没有任何一个部分是指数函数。将侵入面积 (A) 对时间 (t) 画出图像，就可得到 S 形曲线。

　　这个曲线表示了函数 A 对于 t 是满足幂次法则（也就是 $A \sim t^k$

的形式）的，而这里的指数 k 会随着时间而递减。例如在图 7.5 中，k 从 3/2 开始，随后下降到 1/2。

新设备或交通工具的流行，与"侵入—固化"的历程相似，不过并不是由于企业或政府首长的命令。几十年前，只有少数国家在制造汽车，不过现在似乎世界各处都可以制造汽车，但先进的企业可以运用更进步的设计、制造方法与技术制造更好的汽车。每一个设计都触动了它自己的 S 形曲线的成长。纵观人类迁徙的历史，从黑暗时期的亚洲游牧民族侵略、掠夺欧洲，直到欧洲人殖民美洲与非洲（见图 9.3），时间的逝去是自然的，方向也是单一的；它并不是徒然流逝，也不会周而复始，一旦开始就不会回到原点。

所有现象都可以用它们各自的语言，通过"建构定律"预测的 S 形曲线被描述出来。假如释义正确，S 形曲线揭示的"指数成长"必定会结束，并有被"撞墙"取代的时候。由于"S 形曲线"这个词汇是科学术语，因此大部分人没有听过这样的现象。不过街头语言证明我们其实都知道它，并出现了一些描述它的说法：

没有什么是永恒持久的
没有什么会永远地传播（例如帝国）
井水会干涸枯竭
旧闻是明日黄花
你还有拿手的返场节目吗？

自然现象的增长有着比 S 形更多的含义。事实是，可以通行的区域与时间的关系是一个 S 形曲线，就意味着可通行区域对时间的导数，与时间的关系是一条钟形曲线。它是一条可以被预测的曲线，在中间时刻的地方会有一个驼峰，对应 S 形曲线最快速上升的时间。一个钟形曲线不一定是高斯（常态）曲线[1]，但它仍然会是一个熟悉的形状，就像雷龙一样：两边很细，中间很粗。

对于我们发现的 S 形曲线中的物理观点，我听到许多响应与评论。一位读者认为 S 对时间的导数只不过是高斯正态分布函数[2]。这并不正确，因为读者的静态描述完全没有考虑流动系统的动态变化，而这才是 S 形曲线产生的原因。S 形曲线不是一种概率分布，它呈现的是流动系统随着时间的变化而演变，而这个流动系统是那些被正在变化的流动（或者说覆盖了那些领土的流动并有着钟形曲线的流动速度）所流经的物理（宏观的、可见的及可测量的）领域。它是流动结构一生的成长过程。

哈伯特顶点是每当我们的社会使用一种能源（能量、水、矿物等）时，就会不证自明的现象。石油产量是大家最常讨论的，石油的年产量会呈现一个随时间变化的钟形曲线。在早期阶段，石油年产量快速增加，勘探与开采似乎可以无限制增长。不过所有的成长都有天花板，只要石油蕴藏量是有限的（例如沙特阿拉伯的石油），那么在曲线下的面积就是固定的。因此生产量会到达一个高峰，并在它下降的阶段呈现单调（monotonically）衰减。接着，社会就要

---

1 编者注：高斯曲线（Gaussian curve），是正态分布中的一条标准曲线。

2 编者注：正态分布（Normal distribution）又名高斯分布（Gaussian distribution），是一个在数学、物理及工程等领域都非常重要的概率分布，在统计学的许多方面有着重大的影响力。

面对选择其他能源的挑战。新的钟形曲线的历程会再度出现，例如天然气生产、油页岩开采等等。

而我们所见的石油开采率的成长样态，也可以在其他矿产上观察到，例如澳洲与智利的铜矿开采。受到技术和消费力的限制，开采的数量有限，因此必然会产生钟形曲线，包括初期的成长与后期的衰退。重要的一点是哈伯特顶点现象的局部特质，即在空间上（沙特阿拉伯、澳洲）与时间上是局部的。这个时代的技术、经济与稳定和平以及该地区的政治决定了可用资源的规模、固定和已知程度。

如果技术在哈伯特顶点的时期进步了，那么一开始不能开采的资源现在就可以开采了，且原钟形曲线下的面积会持续成长。这会产生高峰延迟的效应，同时留给人们一个印象：生产率的成长是没有限制的。

产量的上限来自于开采区域的局限性。一个例子就是全球各地的水力发电，其在 20 世纪达到了成长顶点。地球上流淌着众多拥有巨大瀑布的大河，如今，水力发电的景象正如同一座已被开采的金山。

成长的方向是单向的，并向更多的方向发展。但成长的速度是注定会稳定地减少的，毕竟每个运动的传播都有一个 S 形的成长历史。而收益递减的现象（diminishing-returns phenomenon）则根源于物理学。每个新生的流动结构，都恰似河流流域随时间演化与扩展所呈现的变化。

思考一下铁路系统：它们以 S 形曲线的方式在整个世界中传播，所有的火车燃料消耗也是这样。如今这样的成长已经成熟，它正处于轻缓的撞墙期，但是铁路仍旧在它们的血脉系统尚未覆盖的地方不断被建造着。

通过高速公路的延伸，铁路的S形曲线已经被联系起来（不是被取代），而到了近代则是通过全球航空系统。每一个新技术都促进了更多的流动，并将它的流动叠加到一些已存在的流动上。它在全球范围内增加流动，必然消耗更多的燃料，但使用更多的燃料并不代表环境的变化会失控。为了可以持续地流动，或者说为了可以继续活着，人类会去适应。当然，每个动物都会这么做，每条渠道也是如此。如果一个新技术会危害人类，就像平交道口奔驰而来的火车，那么人们自然会发明闪光讯号，或是建造高架桥，来帮助我们继续运动。

碳排放与环境的变迁也是S形曲线现象的结果。S形曲线的增长历史与正在流动及传播的物质有关，如发电厂、人口、汽车与航空交通。因为每个传播的流动都有一个S形曲线的成长历史，所以我们预测这些流动不会永远增长，也不会结束于大灾难——它们将在荒野中毫无预警地撞上那面看不见的墙。

同样地，人口的成长和发展中国家的经济扩张，例如中国，也将碰到那面墙，而导致的直接结果之一就是气候变化将会趋缓。40年前，人们大声疾呼的是人口增长的问题，而不是气候变迁。20世纪60年代末到20世纪70年代初，当时的我还是麻省理工大学的学生，有些人因为预言世界末日而名声大噪，但诸如"指数成长""人口爆炸"与"成长上限"等等危机都没有发生。

看看如今人口成长的S形曲线。先进地区有着已经成熟的S形曲线，这条曲线已经到达它的顶点。美国燃料消耗的增长历史现在就位于S形曲线的上半部，而这个效应也反映在地面交通上（参见每年车辆与总英里数的关系图，图7.4）。发展中地区则有着较年轻的 S 形曲线，而且可以预见它们未来会发展为成熟的 S 形曲线。

S 形曲线现象在地球上更重要的影响是人口 S 形曲线的增长历史。世界人口预计到达顶点位置的时间大约是 2050 年，也就是美国与其他发达国家到达顶点位置 30 余年之后。在图 7.4 中，前两个 S 形曲线（燃料的使用与行驶的英里数）与世界人口的曲线之间存在时间差，是因为后者包括大型的发展中国家，而它们正处于 S 形曲线的年轻阶段。

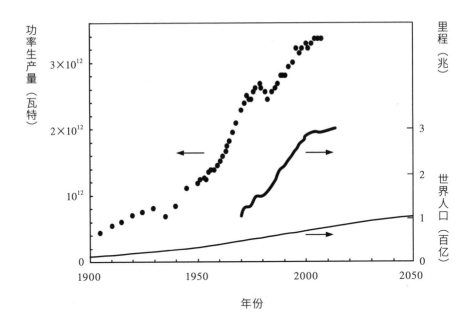

▲ 图7.4

20 世纪美国的发动机 S 形成长历史。〔U.S Department of Energy，Energy Information Administration, EIA/AER, Annual Energy Review 2003 [2004]: DOE/EIA-0384; the total distance covered annually by vehicles in the U.S. [the driven miles data] are from Jeffrey Winters, "By the Numbers: Fewer Miles for American Cars," Mechanical Engineering [February 2015]: 30-31; the world population data are from Philippe Rekacewicz, UNEP/GRID-Arendal. Copyright 2016 by Adrian Bejan〕

即使只有少数人记得过去这些错误的预测，这些情形也同样反映在 S 形曲线的现象上。人们会记得什么是有用的，并把这些有用的东西教给自己的孩子，将这样的教育传播到自己的社交圈中，同时周围的邻居会复制、买走或偷走它。有用的东西会自然地传播出去，而无用的则被遗忘，这对每个人来说都是好消息。这就是为什么看相算命的人一直都有市场。

沙漠中的河流三角洲、动物在地表上的迁徙与科学的思想（出版物、引用率）[4] 也有它们的 S 形曲线的增长历史。最近加入 S 形曲线现象的，则是雪花的形成历程 [5]。从物理学中，我们已经知道雪花片是一种树状的结晶（图 7.5）。然而，雪花呈现出来的信息远比这还多。它是生命的指标性例子——它诞生，之后在热的流动停止时，即雪花周围的空气升温至 0℃时（换句话说就是当冰停止形成时）死亡。

人们喜欢说每片雪花都是独一无二的，但这并不准确。雪花有一种结构（一种星形及六根鱼骨状的细枝连接着中心），而这个结构是可预测的，也让我们了解了两个原理：流动的物质（热流）以及流动的自然倾向，也就是通过流动结构的组建与重组，让流动更为顺畅。

这里要说明的是如何预测雪花的形状与构造。一开始，空气的气温低于 0℃且十分潮湿。然后在某一瞬间，微小的尘粒周围开始形成球状的小冰珠。但与我们的直觉相悖的是，这颗冰珠的温度比周围更高，因而热由冰珠流往各个方向。那是什么样的热呢？结晶的潜热（latent heat），"潜热"就是当水蒸气变成固态时，从冰珠的表面释放出去的能量。

当冰珠面不再是一个可以快速结晶的有效结构时，就到了一个关键时刻。物理定律要求设计的变化向一个可以更快结晶的结构方向发展。冰的结晶成长会从球状的成长突然转变为针状的成长，并且会在远离冰珠的一个平面上成长。由于水分子的结构，针状结构

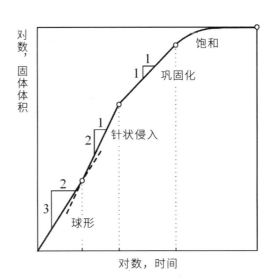

▲ 图7.5

雪片体积以 S 形曲线的形式成长。它的结构变化是阶梯式的，让热从固态冰到周围空气的流动更为顺畅，这些结构变化呈现出可预测的顺序是：冰珠（spherical bead）有六个臂状突出的平面星形，而每个星突会向四周产生下一个层级的星突。[A. Bejan, S. Lorente, B. S. Yilbas and A. Z. Sahin, "Why Solidification Has an S-Shaped History," Nature Scientific Reports 3（2013）; A. Bejan, Advanced Engineering Thermodynamics, 2nd ed. [New York: Wiley, 1997）] 坐标图中显示了树状凝固过程的完整 S 形曲线。要注意，小球–针状（sphere-and-needle）结构之间的竞争会加快凝固过程。最后三个区域（侵入、固化、饱和）是固体体积（B_s）与时间（t）的一种对数—对数（log-log）形式，体现了 S 形曲线的成长历史。因为 S 形曲线是以 log（B_s）比上 log（t），它给出了不同阶段的斜率 $k=3/2,2/1,1/1$，以及 K 小于 1。实际上的 S 形曲线是一种幂次法则，$B_s \sim t^k$，这里的指数 k 会随着时间变化。在它的成长历史过程中，看不到任何指数的增加。（Copyright 2016 by Adrian Bejan）

会向六个方向成长。星形的平面传送热到四周环境的速度比一颗同等直径的球珠还快。但为什么雪花是在一个星形的平面上成长呢？因为当雪花中的针状结构沿着一个平面成长时，冰的体积的成长速度比沿着所有方向成长的针状结构更快。

接着是第二个关键时刻，即雪花中每根"针"的尖端会和原来的冰珠一样突然经历转变。每一个尖端都会生成六个新的细针，只有三个向前的方向可以成长。另外一根细针不能倒退成长（那个地方已经被原来的母针所占据），而最后两根后侧的细针也不能成长，因此缝隙中的空气（在两根母针之间）不再是冷的。

只要往前的新细针找到了冷空气，并可以提供它们成长过程中需要释放热的管道，这一步一步的成长就会持续下去。每片雪花都是独一无二的说法无可厚非，毕竟这些针状结构确实会因为许多次要因素的随机性而有所不同。寒冷的空气会让细针更为尖锐，并且快速地成长（即松软的雪）；而稍微温暖的空气，大约在 0℃ 以下一点点，会导致细针变得比较粗。每一片雪花都如同叶子一般掉落，碰到东西就会黏住它们，而且还会被空气乱流产生的随机风向所破坏。

下一次，当你听到每片雪花都是独一无二的说法时，回想一下这个物理原理。尽管每片雪花看起来如此不同，但大脑记住的雪花图案却很单一，与大脑借助"建构定律"预测雪花图案一样简单。圣诞树的装饰与可预测的雪片是同一种设计。当艺术家们创作绘画时，他们并不需要彼此交谈。这是大自然中的组织结构，也是人类大脑中的自然现象。

珍珠和雪片有着相同的起源（刺激物、微粒的灰尘），肾结石也是。由于牡蛎壳内的空间非常狭小，而且周围缺少水流流动，珍珠刚诞生时就像一颗小卵石，并在成长过程中维持圆形。肾结石就像雪片一样，由于有更大的空间，且四周有更强烈的流动，因此会从一颗小卵石演化成树状结构。

在自然界中，有许多与雪片的成长情况相同的事物，不管是在有生命的还是无生命的领域。每个河流流域都不是独一无二的，因为河流流域都有一个建构的规则与原理；[6] 每一位短跑运动员都不是独一无二的，因为跑步的速度有一个建构的规则与原理（参见第五章）；每只狗也不是独一无二的，但仍然是狗。[7]

展望未来，股票市场也可以运用 S 形曲线的概念，销售的成长也遵守同样的模式。商业上的每件事都是一个点到面（point-area）或是点到体积（point-volume）的流动，并且伴随着一个可以变化的结构，而它的领域（收益）的增长历史必定是符合 S 形曲线的，也同样是可以预测的。更多金钱的流通、更多的网络流量以及更多的汽车离开它们的展示中心，都是一种点到面的流动。一家特定的公司可以有许多这样的流动，有些是旧的而有些是新的；有些流动很小而有些很大。每一个流动都有属于自己的"S 生命"，而公司的收益反映了 S 形曲线的总和，这看起来像是一个 S 伴随许多的弯曲点（图 7.6）。

两个名词会混淆的理由显而易见。成长与演化都是有关于"形态"（form）的，所谓的形态指的是结构（组织、设计）。我相信达西·汤普森（D'Arcy Thompson）的经典作品《生长与形态》（*On Growth and Form*）加剧了这一混淆。这本书从语言学上将"形态"与"成长"联系起来，然而书中大部分的内容其实是关于演化的。辨别成长与演化两者根本上的差别是非常重要的，因为这两个概念

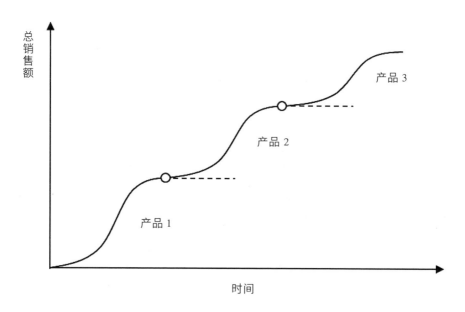

▲ 图7.6

商品销售额所呈现的复合 S 形曲线。每一个产品都贡献了自己的 S 形。(Copyright 2016 by Adrian Bejan)

经常在科学术语中被合并与混淆。

　　每一个新设计都从它自己的 S 形曲线开始，即它的流动如何在地球上增长。飞机制造业也是如此，尽管我们仍无法看到它的固化阶段。农业则是更古老的例子，农业从美索不达米亚传播到欧洲与东方，接着出现固化阶段；如今，每个文明都会播种与采收作物。

　　我们去了解、预测以及妥善地使用这些成长现象背后的物理学，是很重要的。要理解为什么它很重要，我们可以思考一下它是如何回答下面这些问题的：

为什么思想会传播？

为什么想法不会聚集并消失在黑洞里？

为什么秘密会泄露出去？

为什么狗会追骨头？

成长并不是演化，即使它们都有一个随时间而持续改变的流动结构，也是两个完全不同的自然现象。成长是一连串的变化，发生在一个流动结构的生命周期中，一条 S 形曲线表示了从没有流动、没有大小（出生），一直到成熟之后的停止流动（死亡）。成长可以充分、正确地叙述为 S 形曲线在一个有限区域（面积、体积）扩散和聚集的增长。演化是流动系统结构中特定时间方向上的序列，而这些流动系统有着相同的种类与成熟度，例如成年的动物与运动员，以及发展成熟的河流流域。对于一个独立的流动结构来说，演化发生的时间尺度要远大于成长的时间尺度（从出生到成熟）。

总而言之，所有传播与聚集的流动都是一种自然现象，我们可以从位于一个区域或体积中的流动所产生的 S 形成长历史中看到它。S 形曲线的现象包含了有生命和无生命的事物的成长历史，从正在成长的河流三角洲与雪片，到孩子、大脑、油田与铜矿。S 形曲线结构在两个不同的阶段中成长，会从加速侵入的阶段过渡到缓慢固化阶段。

在这个新水晶球中，我们也看到许多难以想象甚至意想不到的事，例如新想法的传播和学术界绩效指标的变化。下一个章节中，这个水晶球中的图像会随着传播得更好的流动设计，延伸到社会的结构上，比如政治与科学。

注释

[1] A. Bejan and S. Lorente, "The Constructal Law Origin of the Logistics S——Curve," *Journal of Applied Physics* 110 (2011): 024901.

[2] E. Cetkin, S. Lorente and A. Bejan, "The Steepest S Curve of Spreading and Collecting Flows: Discovering the Invading Tree, Not Assuming It," *Journal of Applied Physics* 111 (2012): 114903.

[3] A. Bejan and S. Lorente, "The Physics of Spreading Ideas," *International Journal of Heat and Mass Transfer* 55 (2012): 802–807.

[4] A. Bejan and S. Lorente, "The Physics of Spreading Ideas."

[5] A. Bejan, S. Lorente, B. S. Yilbas and A. Z. Sahin, "Why Solidification Has an S——Shaped History," Nature Scientific Reports 3 (2013): 1711, DOI:10.1038/srep01711; A. Bejan, *Advanced Engineering Thermodynamics*, 2nd ed. (New York: Wiley, 1997), 798–804.

[6] A. Bejan, *Advanced Engineering Thermodynamics*, 3rd ed. (Hoboken, NJ: Wiley, 2006), 779–782.

[7] K. Behan, "Dogs, Snowflakes and the Constructal Law," *Natural Dog Training*, January 9, 2014.

Chapter 8

政治、科学
与设计的改变

Politics, Science and Design Change

科学在现实中的应用称之为技术。

科学与技术是一体的：

所有的科学都是有用的。

关于政治家支持度的变化，可以用 S 形曲线来表示。新的想法会传播出去，但好的想法会持续传播，这就是政治理念作为流动系统的物理原理，传播的是如何改变组织、法规和政府的知识。

所有流动系统的自然倾向——从河流流域到动物迁徙——都是改变它们的流动结构（换句话说，就是演化），让它们可以更容易地流动，它们改变正是由于其结构可以自由变化。人类的流动也有相同的趋势，而政治的演进则是关于渠道如何改变并演化，越好的政治系统越可以自由地改变它们的渠道。法律、基础建设、制度与政府背后的法则，都与流动渠道有关。我们将会在图 9.3 讨论这一类的实体流动。

那么是谁决定哪些渠道应该被改变呢？每个公民都渴望发表意见，每个人都想要改变某些东西，但是"那些东西"（设计的改变）对每个人来说都不是相同的。

从国境四方到华盛顿首府这样的决策中心，是谁拥有这些设计变化的知识呢？答案是那些被选举出来的官员——他们受全体选民的委托，在选举的过程中将知识从选区带到决策中心。

这种政治知识（意见）的传播是一种由面到点的流动，就像是河流流域的流动设计。其中较大的渠道将更多的意见（选民的希望与如何改变设计）整合起来，并成为主流。成功的政治家是那些可以察觉主流民意在哪里并加入其中的人，从而调整他们的从政之路，这样的"调整"需要政治家适时改变他们的想法、修改他们的路线，[1] 就像飞行员那样不断调整航向，使飞机更接近高速气流，飞得更快，遇到的湍流也就更少。

聪明的政治家会是设计变革的发明家或这类知识的传播者。他们时常会反思自己携带的是什么，需要丢弃哪些无用的，并带着更好的知识前行。

政治候选人就像一个在全国流动的"想法包"，从一个点（候选人）流动到一个大的面积（广大选民），当然也可以反向流动。这种流动有一个不断变化的树状结构，树木利用它的渠道和缝隙更高效地渗透到整个地表。永恒变化是自然设计的一部分，也是为什么自由选举具有持久力量（尽管有些独裁者在历史中短暂地中断它），以及为什么政治家能够审时度势并不断改变观点的原因。

国家政治就像是一张会流动的大网，横扫整片土地，政策与民意到达华盛顿首府的决策中心，再从决策中心传播开来。就像密西西比河的流域一样，政治的流动也有一个树状组织：国家就像是树冠覆盖面，而树根则根植于首都。任何从一个点传播到一个面，其覆盖面积随时间变化的过程，都可以用 S 形曲线来描述：一开始受影响的区域小且增长缓慢，之后才会快速增长。最初被流动覆盖的领土是狭窄的，侵入的传播流沿着快速流动的渠道流入。侵入是 S 形曲线的早期部分，也就是"J"形状的部分，侵入的渠道是可以传播政治信息的有影响力的作者、信使、传教士、传达者、主流报纸、电视台以及互联网等。

当流动可以沿着快速的渠道传播时，覆盖区域的增长趋缓，并慢慢地扩散、填补未覆盖的空隙。它的增长是通过吸引（吸收）旁观者，属于固化的状态。在这种状态下，增长会继续进行，但速度却稳定降低。固化的流动是口口相传的，例如通过工作日的午餐对话或下班回家后的晚餐闲聊来流动。在图 8.1 的图表上，有点到区域覆盖过程的 S 形曲线，固化状态对应了 S 形曲线的"Γ"形部分。

技术与出版物也在这个区域中传播，即使不再被使用，也会留在那里。它们的传播历史完全符合 S 形曲线。从罗马时期的道路到现代的铁路，理解技术如何在世界地图上扩张，就能明白这个趋势。

人口与河流三角洲的演化，却与技术和书刊出版有着显著差异。只有当流动持续时，即强迫性的流动，人口与河流三角洲区域才会持续在 S 形曲线上攀升。我们可以在卡拉哈里沙漠的奥卡万戈三角洲每年的变化中看到这种演化，在雨季的几个月里，三角洲湿润区域呈 S 形曲线增长，之后就会停止并消退。

一个政治家的受欢迎程度是通过将政治理念传递给选民并扩大选民范围来提高的，不过只有当他的一揽子想法是新的时才会继续。每一个个体，无论是选民还是非选民，只会在有限的时间内思考一个新的想法。当时间之窗关上之后，想法就会变得陈旧、不新鲜甚至无聊，并最终被遗忘。而没有更新自己的想法来开启一条新 S 形曲线的政治家，也会是同样的命运。

因此维克多·雨果（Victor Hugo）留给智者的建议才会如此重要："改变你的意见，保留你的原则；改变你的叶子，保留你完整的根。"同样，索福克勒斯（Sophocles）[1] 也曾说："当一个人认为只有自己是对的，或是他所说的话以及自己本身是唯一的时，他的内在是非常空洞的。而聪明的人却永远不会耻于学习——学习很多东西，且不会非常固执地坚持自己的观点。你看冬天的溪水旁，那结果子

---

1 编者注：索福克勒斯（约公元前 496—前 406），古希腊悲剧作家，他既相信神和命运的无上威力，又要求人们具有独立自主的精神，具有雅典民主政治繁荣时期思想意识的特征，传世作品有《埃阿斯》《俄狄浦斯王》《厄勒克特拉》等。

的树木保全自己的枝子，那与狂风争斗的却全然死亡。"[2]

图 8.1 显示了面积（选民群体）随着时间而增加或减少。在上升的 S 形曲线后，由于进入遗忘阶段，紧接着是快速下滑。S 形曲线与遗忘曲线一起形成了 λ 形状的曲线，随着时间增加最终会下降到 0。在现实中，λ 形曲线的顶点并不会那么尖锐，毕竟不是所有的选民都有一样的时间间隔（t_c）去接受新的思想，个体的 t_c 值会分布在平均值 t_c 的上方与下方。t_c 值对人口数量的钟形分布是 λ 顶点变圆的原因。

总而言之，一个政治家就像是一系列思想的集合，在一个由面到点的流动中传播，被这些思想吸引而来的选民的数量呈 λ 形曲线增长。如果两位政治家（A 与 B）的理念相似，并在不同的时间点登上政治舞台，那么他们各自的选民群体会随着时间推移而改变，如图 8.1 下图所示。在时间大于 t_c 后，B 的受欢迎度将会超过 A，这意味着假如 A 与 B 之间的竞争时间远大于 t_c，那么胜者会是 B。

A 唯一能获胜的方式，就是重新定义他或她是一个新的政治家，并且以一套新的理念为思想基础。如此一来，当 B 登场时，他或她的政治影响力，就会和一位新的政治家（A'）一样。在竞争中，A' 会比 B 更具有优势，因为新的 A' 的 λ-曲线中的选民，会加入旧的 A 的 λ 形曲线之中，也就是说新的竞争是在（A+A'）与 B 之间，那获胜者将会是 A'。这个故事的寓意与一开始所说的一样：那些够聪明的、调整自己想法的候选人将会获胜。

我知道你此刻正在想什么：一个物理学家将政治、什么是好政策以及它的传播理论化，这实在是太疯狂了，或者说实在是太过牵强了。不过请再想想，毕竟我在图 8.1 描述的现象会发生在每个科学家每天发表的每个想法中。声名远播并屹立不倒的发明家，以及维持成功的传奇政客都有相同的起点（具有同样的性质）。

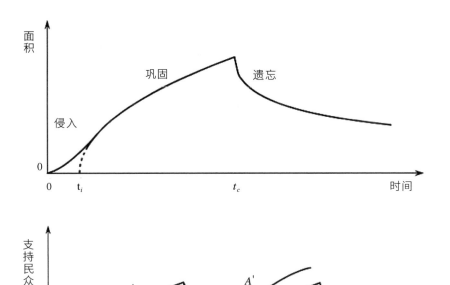

▲ 图8.1

政治家思想的设计改变所覆盖区域的增长过程。在一个典型时间（characteristic time）t_c 后，当选民对第一个想法的传播失去兴趣之时，第二个覆盖区域出现了，并受到了选民的欢迎。时间 t_c 标示了初始的遗忘阶段。S 形曲线（侵入＋巩固）加上由于遗忘而产生的下滑区域，构成了描述信息普及程度的 λ 形曲线。

下图：两位互相竞争的政治家（A 与 B）在不同时间登上政治舞台，但其受欢迎程度都能用相似的 λ 形曲线来描述。如果选举举行的时间远在 t_c（开始忘记 A）之后，获胜者将会是 B。如果政治家 A 在时间 t_c 及其之后，将自己重新定义为一个有新想法的候选人 A'，那（A+A'）的复合曲线 λ 会超越 B 的 λ 形曲线，这代表获胜者将会是 A'。（Copyright 2016 by Adrian Bejan）

　　科学发表是一个具有竞争性的行为。有创造力的人会通过思考、工作与写作，来获得智力上的乐趣。在此过程中，他们冲击着自己的专业领域，并为社会做出贡献（图 9.3）。一篇科学文章的用户数量会随着时间而增加，这与 S 形曲线十分相似，而一个作者所有文章的被引用次数可以说明传播的程度。至于为什么这条曲线必须是 S 形曲线的物理论证，可以见第七章。

　　管理科学活动的机构制定了若干措施，用来量化学术作者在学术界做出的贡献。20 年前或更早之前，显而易见的量化指标是产量——每年及一生中的期刊的发表数量和发表期刊的被引用数量。学术生涯越长且越稳定时，数量就会越大，但这容易埋没年轻有为的研究人员。为了摒除年龄偏见，科学出版界越来越偏向两项新的测量指标：h 指数（*h-index*）与 m 商值（*m quotient*）[3]。无论是在求职、晋升还是获奖等方面，这两个指标都被广泛运用。

　　图 8.2 解释了如何计算 h 指数。个人、团队或机构发表的论文排名沿着横坐标一一列出，他们每篇文章的被引用数量则在纵坐标上标记，这样可以形成一条下降的曲线：更具创造力的作者曲线（B）比普通作者曲线（A）离原点更远。作者 A 和 B 之间的差异是用他们的 h- 指数定量表示的，也是由他们的曲线与坐标轴平分线相交决定的。也就是说，h 指数是某篇文章的排名与该篇文章的被引用数量正好相等的地方。m 商值则是 h 除以作者学术生涯的年数。

　　h 与 m 并非如顽石一样固定不变，它们会随时间而变化。h 指数随着作者年龄增长，而 m 商值则随大部分人的学术生涯而递减。年长的作者会有比较高的 h 值，而资历短却高产的作者则会有比较高的 m 商值。在竞争如此激烈的学术界，了解这些会非常有用。更重要的是为什么年龄同时掌控着 h 值与 m 商值，这背后的物理机制是什么？

无论是单篇发表文章还是单一作者或单一机构被引用的次数，都遵循着 S 形曲线的演变，因此年龄效应是必然的结果。S 形曲线的历程是可预见的，它始于新想法传播到使用者的自然机制。图8.3 定性地表现了单一作者思想的传播。一个作者在学术生涯中最

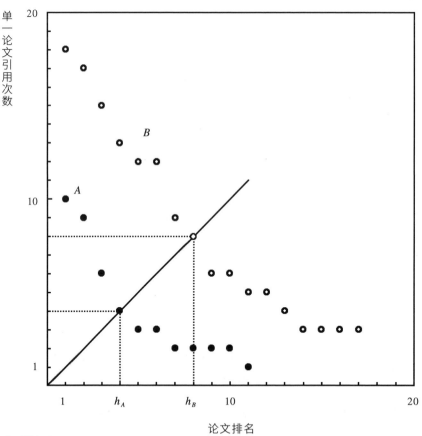

▲ 图8.2

h 指数的定义。图中是两个不同的个人、团队或机构发表的论文排名。(Bejan and S. Lorente, "The Physics of Spreading Ideas," International Journal of Heat and Mass Transfer 55 [2012]: 802–807. Copyright 2016 by Adrian Bejan)

有成效的阶段，是以一定的速度在发表新文章。每篇文章都会被引用，这些引用的数量增长可以用随时间增长的 S 形曲线表示。有些文章会比其他文章好，因此最后被引用的总数也会比较高。这些被引用次数的 S 形曲线叠加后，所产生的曲线也是 S 形曲线；这个 S 形曲线是被引用总数与时间的关系，最终将慢慢趋平，达到被引用的累积总数。

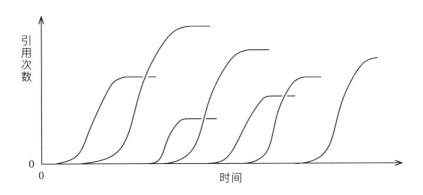

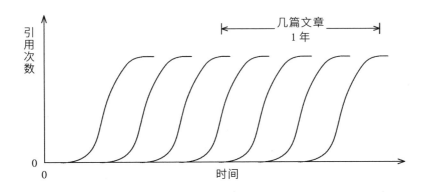

▲ 图8.3

上图：单一作者论文发表和引用次数模式。

下图：单一作者论文发表模式的简化模型。（Copyright 2016 by Adrian Bejan）

看看真正发生的事，假设作者发表文章也有一样的 S 形曲线，并以相同的时间间隔发表，例如每年有 n 篇文章，如图 8.3 下图所示。这是一个出版工作的简化模型，而且这个模型的终生效应与真实出版情况的终生效应是一样的——它是一个 S 形曲线上升最快的时期，也就是作者的职业生涯中最具创造力的时期。

我们可以在图 8.4 中看到使用这个简化模型的好处。这些个别的 S 形曲线如果移到 $x=0$ 的位置，会全部重叠成相同的 S 形曲线。在作者整个学术生涯中，第一篇论文已发表 t_1 年，这也是被引用次数排名第一的文章。如果论文发表速度 $V=n$ 篇文章／年（图 8.3 下图）为常数，就可以用 $x=Vt$ 作为横坐标，将所有论文排序。第一

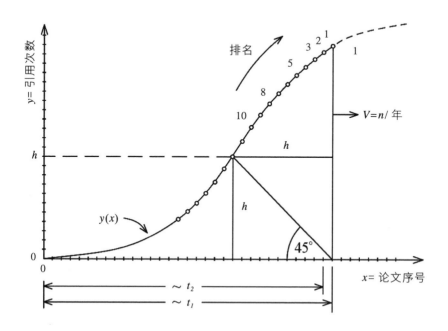

▲ 图8.4

图 8.3 下图所有 S 形曲线的叠加。（Copyright 2016 by Adrian Bejan）

篇论文对应的横坐标（x_1），与文章发表的时间（t_1）成正比，其余论文也可以依此标定。假如图 8.4 中，S 形曲线代表着函数 $y(x)$，那么 h 指数则是由满足 $y(x-h)=h$ 的点定义的。h 指数的增长速度（也就是 dh/dt）可由它对时间微分算出。经计算后发现，h 指数的增长速度恒小于作者论文发表速度（V）。h 指数随着时间持续单调（monotonically）地增加，沿着曲线 h（t）呈现一个 S 形曲线〔参见图 8.5（a）〕，这和图 8.4 中一样也是与 S 形曲线的 $y(x)$ 类似。

　　在接近学术生涯的终点时，当大部分排名很高的文章的 S 形曲线已经到达顶点附近，斜率 dh/dt 小于 V。换一种方式来说，在学术生涯的晚期，密集且重复地发表文章对作者的 h 指数影响不大。

　　h 指数随发表文章的学术生涯时间（x）增加，这对资深研究者很有利。为了弱化这一特征，一些大学教授也使用 m 商值，即 $m=h/t$（年）$=h/(x/V)$ 来衡量资历。然而由于 S 形曲线的特性，m 商值也不是很准确。图 8.5(b) 给出了解释，这里的 h 随 x^k 增加而增加，而同时指数 K 随时间而减少。在 $h(x)$ 曲线的早期，m 商值迅速增加，并满足 x^{k-1}，其中 $k>1$；在 $h(x)$ 曲线的晚期，m 商值则是以 x^{k-1} 的关系递减，其中 $k<1$。

　　m 商值的建构方式，让它在一个作者发表文章的大部分学术生涯时间内，是呈现递减的趋势。h 值偏向更资深的作者，m 商值则偏向短时间内有大量成果的作者。

　　这一章节的信息在于传播思想（政治与科学）的主要特性是可以被预测的。新的思想是基于两种流动机制在大众（领土）之间传播，一种是长且快速（侵入、渠道、车辆），另一种是短且缓慢（固化、扩散）。

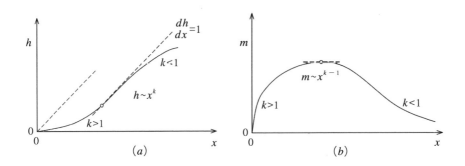

▲ 图8.5

h 指数的 S 形曲线，及与它所对应的 m 商值的凸起曲线。h 指数永不会递减：即使
一位作者死亡，他的文章也会有更多的读者。(Copyright 2016 by Adrian Bejan)

　　对科学来说，可预测的特性是引用文章所呈现的 S 形曲线，h
指数随时间增加，而 m 商值则在学术生涯的早期阶段过后就逐渐递
减。由于出版与通信技术的革新，伴随而来的是复杂性、速度和长
度（之前已建立的渠道）的增长。

　　这个观点在学术界也同样适用。它可以用来说明一个想法被引
用的增长历程，也可以说明单独的个体与作者团队，例如一所大学
系所、一家研究机构、一所大学甚至一个国家——每一个都像是一
条传播思想的"流"，经过更大的地区和更长的时间尺度。下面的线
索告诉我们：

　　越好的思想的 S 形曲线越高、越陡峭。
　　旧的思想则有完整的 S 形曲线。
　　新鲜且吸引人的思想是 S 形曲线的开端，像一个陡峭的"J"。
　　死板的思想有如 S 形曲线平坦的顶部，看起来像"Γ"。

完善政府举措是个好主意。人类社会想要拥有更好的政府的演化设计就属于物理学的范畴：它是自然的一部分，而且它的原理已为人所知。所有流动和移动的事物都伴随着演化的组织，这意味着他们拥有随时间推移可以自由变化的流动结构、渠道和节奏，为流动提供更便捷的道路。而人类与机器的思想和运动，在全球的自然流动中扮演着类似动脉和静脉的角色。

法律与政府的规则就像是社会的血管系统，也就是我们组织移动的渠道，城市中的交通标志正是这样的例子。这样的现象俯拾皆是，它们随着时间演化，流动也会变得更为顺畅。这是时间的流向，也是我们文明的历史轨迹。

在未来，更优异的科学将促进更优秀的运动（生命）设计：财富（GDP）、平均寿命、幸福与自由（参见第三章）。与其花费长久的时间来等待一个更好的政府出现，我们不如依靠这样的原理来加快演化脚步，让政府向更好的方向发展。

那么需要怎样做呢？通过开放渠道，让我们自己、伙伴以及所属财物都可以在地表流动。这意味着需要我们人类缩短、理顺所有的渠道，移开障碍物与关卡，并尽量减少这些障碍物产生的单调无聊的事情，因为这些单调无聊的事会让我们每个人每天都感到沮丧。我们还需要认知我们的群体到底是什么：我们是一个由大量流动者组成的河流流域，我们随波逐流，并渴望更轻松、更自由的流动。更容易的运动意味着很多事情：更高效、更聪明和富有，以及我们每个人都能具有更好的经济意识。

为了使流动的设计发生变化，设计必须具有改变、变形以及演化的自由。河流三角洲每天在泥沙中自由地雕刻着，而且正因为如此，每天它们都展现出最好的流动设计，所以这棵"树"（树状结构）会比昨天的"树"更好。

自由给了所有的流动设计两件事情：效率与持久力（图 3.3）。因此可以自由改变的社会系统也拥有两个特征：财富与长寿，而僵化的系统则有完全相反的特征：贫穷与灾难性的变化。没有自由，设计流动的改变以及接下来的演化就都不会发生。

政府向更开放的方向演化，就是向自由、富有、长寿与法治的方向演化，这也意味着减少腐败。腐败程度越低的国家越先进，这并非巧合，法治会和更好的人类流动（生命）系统组织一同携手共创美好生活。看看世界地图上的贪腐地区，也是经济发展落后的地区。

技术、科学、信息、教育……总之就是文化，是我们在不知不觉中开启了渠道并解放我们流动的途径。彼得·瓦达斯（Peter Vadasz）的观察值得再次强调："**任何社会的自由都和它拥有的可以供给、维持的技术数量相当。**"这就是为什么演化中的物理学是如此的重要且有价值，以及为什么"建构定律"可以教导我们如何加快开放政府的设计。

我们已经分享了政府如何运作的需求、如何改变来更好地运作，以及如何更快地改变设计，并成为越来越好的政府。当运用相关的术语来描述这些现象时，我们必须明确了解其代表的意义。我们需要一个对大部分的读者来说都有意义的叙述。"建构定律"提供了定义这些术语的物理基础，它将许多不容易理解的词语，比如政府、自由、商业、财富、数据、知识、信息以及智能，用浅显易懂的物理语言表达出来。

政府是一个规则和渠道的复合体，用来引导、促进人民和商品的流动。许多个人受雇于政府，去建设、维护和改变这些规则与渠道。他们之所以被雇用，是因为他们身体力行地参与了整个人类的流动系统。这种参与同时推动政府员工本身的流动，也改善了他们的自身利益。人类的流动系统具有参与这些流动结构的生产、维护和演化的内置能力。

为了从物理术语中理解这些概念，我们可以思考一下都市设计与城市交通的演化。去看看旧的电话簿，或者比较过去几十年来你定居的城市的地图。这些设计之所以会出现，并不是凭空而来，更不是某个人的愿望，而是来源于居民们的渴望。它们的演化永不完美，总是试图改善流动受阻的渠道，而流动顺畅的渠道会维持现状（"如果没有破掉，那么就别去修它"）。就像蚂蚁丘一样，城市设计的自然演化是随着时间向某个特定的方向发展，并赋予每一个居民自主权。它是物理版本的无形资产，就像是"人群的智慧"与"蚂蚁的智慧"。

整个地球像是一张锦织挂毯（tapestry），其中存在着许多生产的节点与细线。生产的节点数量少且大，而分散到用户的分支则数量多且细小。这张"挂毯"必须根据血管设计来"编织"，取决于整体的大小，具有整体的特征。无论国家大小，都会有自己的结构，而一个大国的组织结构并不是一个小国的组织结构的放大版本。

举例来说，当中央加热系统将热水输送到平均分布着 N 个用户的方形区域，流动的结构可以有很多种类型，例如径向（r）的、二分法（2）或是四分法原则（4）（图 8.6）。在图 8.6 的下半部展示了每一个用户总热能损耗（热在中心流失并且沿着分布的线流动）

随着整体面积（N）的增加而减少的现象。这个下降趋势是理解经济效益如何随着尺度变化的物理基础。随着时间推移，社会的人口（N）越来越多。在追求效率方面（每个使用者所需求的燃料较少），流动的结构必然会发生阶段性的改变，从（r）到（2），并最后到达（4）。血管系统的突发改变在演化的过程中处处可见，包括地表人类居住区域的水与能量的流动。出现的组织是有阶层结构的，而这种趋势也是自发产生的。

　　一个有着丰富流动的社会倾向于重新配置自身，随着时间推移，自身的流动会更多且更丰富。这种演化设计永不停歇，人们只会看见演化改变的时间流向，以及改变发生速度的快慢。

　　一个好的政府会帮助社会的运动，获得并维持整个社会的动力，其中包括流动、参与、通行、健康以及平均寿命。当政府打开了渠道，并且缩短和理顺路径、消除障碍和缩短等待时间时，这个政府就会变得更好。

　　政府并不是指导人类流动的唯一复杂系统，但它恰好是最大的系统，在城镇、城市、国家、联盟以及世界上都以最大的尺度演化着，而商业 (公司)、教育 (学校、大学) 以及科学则是促进我们运动、融合其他渠道的综合体。（科学在现实中的应用称之为技术。科学与技术是一体的：所有的科学都是有用的。）

　　　　"关心人类和人类的命运必须始终是所有技术努力的主要目标。在你的图表和方程式中永远不要忘记这一点。"

　　　　　　　　　　　　　　　　　　　　　——阿尔伯特·爱因斯坦

　　政府、商业和技术必然会出现。它们的出现并非源于某些东西，

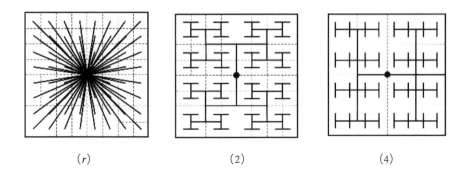

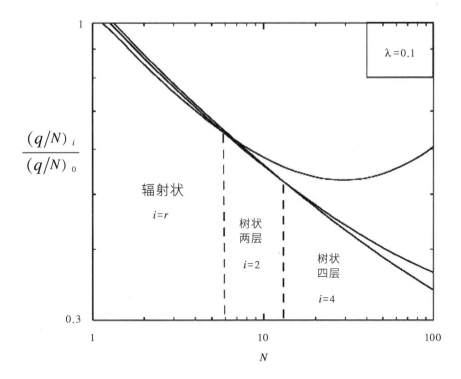

▲ 图8.6

尺寸的影响对于热（q）分布的设计。当居住区域增加时，每个用户的热耗损会递减。当结构一步步演化时，每位使用者的热损失会更少，随着 N 的增加，结构从辐射状（径向的）演化为树状。（Copyright 2016 by Adrian Bejan）

而是会演化来帮助整个系统的流动，也就是我们——活着的生命。这就是为什么它们是"益"。由于它们是一同和谐流动的流动结构，整个社会的流动才更优异。它们就像是循环系统、呼吸系统和神经系统，彼此交织成一张网络，让生物体内的流动更顺畅，同时在地表可以自由移动。

政府、商业和技术之间是没有冲突的。相反地，这些设计会演化成一种共同的设计，来帮助我们每个人运动，达到长寿以及其他目的。它们的演化是每个人渴望自由、渴望做出选择、渴望改变来获得更好生活的大规模体现。我们在政府与商业之间所感受到的冲突，来源于两个持续调整的流动设计之间的相互妥协，它们流过相同的地貌，并有相同的演化方向和目的。一个更为开放的政府有助于更为流畅的商业流动，反之亦然。高效率的商业流动结构参与其中，支持着不断调整流动结构的政府与法治。

集中化与分散化（分布的）系统是同一种设计，而不是两种。参见图8.6的例子。这种设计类似于血管组织，并且这种流动具有阶层结构——少数大型的渠道与许多小型的渠道一起合作。分散化并不代表均匀，或是一种尺度贯彻所有结构。它的意思指的是分配，例如一个特定规模的渠道（流动）分配到一个同样规模的区域（人口）。渠道分配到许多不同规模的地区是一种阶层结构的血管系统，它能更高效地创造流经整个地区的流动，并且将动力赋予所有的居民。

重要的是要知道，参与是一种自然的、不可抑制的渴望，而这种渴望来自每个个体，尽管这种效应在最大尺度的状态下是以其他形式呈现的。当我们得知一个国家或地区（如欧盟）的中心地区发展优于四周边缘地区时，就不是一个恰当的例子，因为在一个随着时间推移而演化的自然组织中，所有的器官都会茁壮成长，无论大小，都是为了创造出最好的生存组织。

我们还听说，就像一只手的手指间总是有空隙一样，外围群体无法团结起来，有组织地对抗那些连接核心的群体。外围的群体与国家的领土就像是山坡供给了小溪的流动，而流动存在于它们之间。从山坡流下的小溪不可能流过山顶，去加入邻近山坡的溪流。

全球和区域是同一个设计，而不是两个。渠道的大小与数量，以及它们在区域中所具有的大小和数量的配置，是一种阶层结构的流动设计，也是由"建构定律"决定的。理论赋予我们能力，将我们所理解的小尺度设计扩大化。同样地，为了扩大设计的尺寸，我们必须学会设计依据的物理原理。大型飞机并不是小型飞机的放大版本，大型动物也不是小型动物的放大或是小型动物的重组。

数据并不是知识。数据绝对不能和智能混淆，而且"公开的数据"也绝不能与"开放的政府"混淆。Data（数据）是 datum（被给予）的复数，换句话说，就是那些已经"在手里"的东西；那些已经知道或持有的东西，那些任何人都可以依据的事实。数据是我们根据观察、测量和监视收集到的事实。如果没有理解、组织以及运行数据的原则，那数据的使用就毫无意义。

如今，无法存储的海量数据流充斥着我们的精神视野。为此，计算机内存技术不断发展，想要同时拥有更大储存密度和更大储存容量。这样的趋势并不新鲜。收集数据的技术总是朝着收集更大的数据流发展，从望远镜和显微镜直到天空中的间谍卫星，以及街道和建筑物上的监视摄像头。纵观历史，科学一直在产生开放数据。

通过更好的字符、数码、书籍、表格、图表、矩阵、期刊、图书馆以及当今那些支持信息储存的各种物理结构，科学同样也促进了数据的"开放"。

知识（拉丁文是 *scientia*）是科学，而科学是观测、预测、教学与实践，即科学的实际运用。观察就像是一种精神上的凝聚与流线型观测的流动，被浓缩萃取出来的东西就是原理，而最能统一大部分观察结果的，就是所谓的第一原理（the first principles），即物理定律。

知识是人类的一种能力，可以影响对人类自身有用的设计变化。智能是"预见"更好的设计，即便在文字描述、测试以及实际建造都尚未发生之前。知识是设计产生、传播和演化的物理现象的快速推进。

引导出更好的科学和更好的政府的道路，是建立在提出好的问题之上的——是问题，而不是拳头。常言道，文字比刀剑更有威力（Verba volant, scripta manent）。知道如何将问题"公式化"（有系统地阐述），在科学各个领域都至关重要，从热力学到政府组织都是如此，只不过提问需要一些训练（如客观、明确、规则、承诺）。这里有一些规则，或许可以帮助你训练自己在对专家提问时所需具备的清晰度与客观度：

1.定义研究的课题，也就是所谓的"系统"。它是什么？如何定义想研究的系统？

2.定义问题中所使用的术语（特殊的字句）。利用一般的字句，并且避免使用难懂的专业术语。

3.明确地阐述第一点与第二点。避免使用模糊不清和双重意义的话。尽可能使用较少的字句。即使你的想法很棒，即使它是显而易见的，你也要想好怎么描述它。

4. 清楚地说明问题的目标。为什么尝试新东西是很重要的？为什么要改变已经存在的系统？新尝试能带来什么？

5. 指出会限制改变能力的约束条件。谈论、交流这些约束条件，不要害怕会失去听众或是自己的观点得到"否定"的答案。这些约束条件代表它们可以帮助提出设计的改变（时间、空间、金钱等）。不要感到害羞：有限范围的可行性是现实的一部分，必须用一个平凡的观点来看待它。

为什么问题会被反复表述和提出？为什么像上文 1-5 的模板会被不断重复？为什么回答一个问题会带出另一个新的问题？这种永无止境的问答循环阐明了一种普遍倾向，即一种伴随着更大的通行、自由、运动及财富的更容易的流动。

善用语言有利于运动，而糟糕的语言会阻止变革的发展。当我们更好地进行沟通时，我们会理解得更多，会感到愉快而开心。英语和互联网正在全球范围内自然地传播，而这些例子再次说明了一种普遍的倾向，也就是融合的倾向。

每项新科学与新技术的发展都提供了让每个人受益的新机会。通过组织我们的流动来发现更快的路线，以获得更大的利益，因此被相同承诺吸引的个体会聚集在一起，将说服力的问题公式化，让改变更有效地进行。

问题的有效性可以被量化测量，就像在物理学中一样。文明和科学的历史展示了更好的问题如何引起设计变革，从而在社会上引发更大的运动。由于财富是一种运动（参见第三章），从阐释问题、回答问题，并将其付诸实践带来运动的增加，就是对于该问题的质量的一种物理衡量。

鼓励提问的文化会蓬勃发展，不鼓励提问的文化则会衰亡。提问是一种文化的特质。它不会因为有权力的人这样要求，就在一夜之间完备。能够提出好问题是一项技能，而这项技能需要在漫长、崎岖不平的成长道路上不断学习。文化就像运动员的身体与心理，伴随着建构和记忆，已完成的训练不容抹去，持续地努力只会让提问文化更加宏伟。

鼓励提问通常是理论易于实践。在社会组织中，到处都是文化障碍，它们被称为"建制派"、"'非我所创'综合征"（"not invented here" syndrome）以及"蜂王暴政"（"tyranny of the queen bee"）。当然，有远见的个人和组织能通过奖励和认可来克服这些障碍，其中就包括告诉提问者有权力的个人正在倾听的信任验证系统。对于那些想鼓励提问的权力者来说，我的建议比我列出的鼓励人们提问的清单要更简短：

鼓励任何事情。
欢迎业余、无足轻重的人。
准备好被证明是错误的。

让我们面对现实吧，我们都不满足于一些事。有些人比其他人更为不满，有些人对于改变则不太抱有希望。另一些人对现有的科学解释或现有的政府不满，并希望得到更好的解释。自由的思想家则对两者都不满意。

渴望拥有更好的思想是一种自然的天性。它被相同的物理学原理掌控，而且最终会和渴望拥有更好的法律、更好的政府一样，具有相同的物理效应。渴望去改进、去组织、去加入、去说服别人以及实现改变，是我们共同拥有的特质。这就是为什么人类与机器在向更大、更容易、更高效、更广泛以及更持久的运动方向演化的原因。

"想要更好"是一种普遍性的渴望，但它并不是一场"一拳就结束"的拳击比赛，而是一场不会间断的战斗。为什么这么说呢？因为在改变之后找到更好的选择会让人感觉"很好"，甚至会让我们上瘾，我们会沉迷于生命和演化。彼得·奥图（Peter O' Toole）在电影《统治阶层》（*The Ruling Class*）中的这句话总结了一切："我什么时候意识到我是神？当我正在祈祷并且突然意识到我在和自己说话时。"

感到不满意是一件好事，感到渴望并且想要更好也是一件好事。正如约翰·斯图亚特·穆勒（John Stuart Mill）[1]在《功利主义》（*Utilitarianism*）中写的：**"做痛苦的人胜过做快乐的猪；做悲伤的哲学家胜过做快乐的傻瓜。如果傻瓜或猪有异议，那是因为他们只知道自己的问题；而另一方则了解双方的问题。"**

占据华尔街的组织宣言是非常明确的。[4]成员一再使用"分散"和"无阶级层次"这两个术语来描述他们的愿望。他们的语言表达了共同的观点，即认为阶级结构意味着不平等和镇压，少数人控制着多数人的想法。

不过这是一个错误的概念；这不仅仅是对历史的错误解释，也

---

1 编者注：约翰·斯图亚特·穆勒，19世纪英国著名经济学家、哲学家、古典自由主义思想家，是著名功利主义哲学家詹姆斯·穆勒的长子。

是对物理学的误解。事实上，阶级制度是一种组织的形式，它会自
发地出现（图 8.7），因为所有东西的流动倾向都会形成一种可以让
流动变得更容易的组织结构。阶级制度增加了流动的效率，让所有
人和事物都受益，因此它会出现在任何地方。

现代杂货店的货架也是以同样的方式在流动。放在外侧、临近
通道的商品会被频繁地购买，这些货架先被清空。商品从架子后面
"扩散"到边缘。在扩散的过程中，最高的流速（通量）来自于表
面，而最慢的流速则来自于中心部分。商品穿过货架的流动垂直于
顾客沿着购物通道运动。

善于鼓吹"眼红效应"的政客喜欢提醒我们，贫富差距正在扩
大。他们扭曲了自然的阶层结构（燃料消耗、财富），将其称为一种
不平等且不公正的结构。他们主张一致性，也就是他们宣称的平等
和正义。从物理学来看，这样的提倡意味着那些做得更多的人应该
放慢脚步，让那些落在后面的人能够追上来。

球员踢得越好，他越容易被犯规。除了在历史上一再造成灾难
性的失败外，"眼红政治"的谬误还在于忽略了在一个自然（自由）
的流动组织中，每个个体和团体都跟着每个人一起运动。一项新技
术在全球某一地点的发明，会激励各个地方的人民的运动和财富，
包括快的和慢的，富人和穷人。

每项新技术都是为解放全球的方向流动而出现的突变。这意味
着在同一个时间，不论是在小的渠道或是大的渠道，每个渠道都会
有更多的流动。是的，在这种变化中，最大渠道与最小渠道之间的
流动差异增加，但是大的渠道并不是以牺牲小的渠道为代价。所有
的流量都在增加，每个移动者都会更富裕。

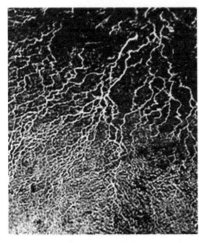 

▲ 图8.7

阶层结构会自然地出现。少数大的与多数小的渠道：卖场中货品的流动，从货架到结账柜台。（图片提供：阿德里安・比赞）；游泳池排干后，底部出现的藻类生长图案。（图片提供：李・费伯）；建筑工地在阵雨过后出现的坡面与流道。（图片提供：穆罕默德・阿拉莱米）（Copyright 2016 by Adrian Bejan）

这里有两个例子可以说明，在流动设计中的自由改变是如何赋予流动其结构力量的。第一个例子来自无生命的领域，想象一下密西西比河这样一条大型河流的整个流域，在接近河口的地方，这条大河道在人工作用下比城市建设之前的自然河道还要窄。这些由市政府维持养护的笔直河岸（征收的土地）就像是狗颈部的链条，但是狗总有渴望自由的冲动。

在自然灾害中，当堤坝决堤时，整个流域都会发生变化——自由地增加——这让它能够更快地泄洪。所有渠道中的流量都会增加，时而高时而低、时而大时而小、时而多时而少。流量增幅最大的是最大的河道，其影响是灾难性的：洪水对整个流域来说是流动设计的另一种解放性变化。是的，洪水具有解放性。在密西西比河下游的流动增加不会以牺牲较高海拔的流量为代价，所有流动都受益于设计的变化。

第二个例子来自有生命的领域。想象一下，在图 1.2 中，那些在平分线上并向上移动的点，是以相同速度向上爬坡的自行车赛车选手。将图中的点视为稳定的状态，每个赛车手的位置相对于邻近的选手来说是维持不变的。突然间，比赛中大量选手组成的主车群越过了山丘，并且开始向下运动，运动会更容易且更快速。这个情况对应了解放整个流动系统的一种设计变化。接下来会发生什么事呢？所有的赛车选手开始加速，而且彼此之间的距离会增加。自行车比赛中的主车群会变得更加分散。

实际上，领先者和追随者之间的差距扩大了，但是领先者并没有通过牺牲那些追随者来获得这样的差距。如果后方发生了事故，那么领先者很可能会停下来，提供协助并帮助伤者，因为领先者处于优势。

　　谁是捐助者和慈善家呢？富裕的人。那些艺术博物馆，包括科学图书馆和科学博物馆，它们的存在是为了让我们拥有更美好的生活。享受这些资源的人们被赋予了能力，能力会从有能力的人那里流向没有能力的人，这是一种阶级制度的流动。每个人都被这种流动携带着，使运动更远且更容易。博物馆和图书馆就提供了这样的牵引力量。

　　阶层制度这个词是用来描述一种设计的，这个设计的特征是几个大的实体和许多小的实体一起运作与流动。它在自然界中无处不在，最著名的例子之一就是已经演化了数百万年，并且如今还覆盖着全球的树状的河流流域。例如密西西比河或者多瑙河，每个河流流域都有一个主要的河道，以及几个大型的支流和许多小的支流和溪流。

　　我们人类自然地创造了阶层结构的设计，甚至没有注意到是我们自己创造了它。我们的航空运输系统是由几个大通道（枢纽）和许多较小的通道（轮辐）组成的，让我们能够到达目的地。当我们开车去工作或者购物时，我们之中的许多人沿着许多小的街道和几条大的道路行驶，而大的道路连通着更大但数量更少的通道，如州际公路。

　　这些阶层结构的设计诞生和演化帮助了运动的双向流动。较大的渠道更高效地移动了更多的流量；较小的渠道则服务于更宽广的地区，即那些大渠道无法到达的地区。这就是为什么需要这两种渠道——几个大的渠道和许多小的渠道——的原因。

　　在科学、政治、经济、政府、企业、大学、团队运动以及其他形式的社会组织中，同样的设计也会自然地出现。**阶层制度存在于**

所有结构当中。

阶层制度的自然产生意味着我们无法忽视两件事情：一是尺寸大的和尺寸小的并非敌对，它们是一起流动的。如果没有支流，密西西比河将成为一条干枯的河床，水流无法有效地流到大的主流中，小溪流也无法流动并最终停滞。

二是"想要组织"的这种渴望是自私的。每一件事都是彼此关联的——从一滴雨到人类——因为当所有的运动实体一起移动时，运动会变得更容易。它们产生了阶层结构的设计，而这有利于流动。这种自然的倾向并不意味着每一种阶层的设计都是理想的。事实上，所有的设计都是不完美的，这就是为什么它们注定会演化的原因。

一些示威抗议活动，比如"占领华尔街"，就是一群不满意的人们提出问题、分享意见并尝试完成更好的设计的例子。但毫无疑问，所有能成功地摧毁现有阶级制度的努力，都注定要为新的阶级制度腾出空间，这个新的阶级制度会增强人民、商品和知识的运动。

回顾这个章节提到的观点，我们看到政治是一种设计变化的传播，流动于社会这个居住区域之中。传播因侵入而发生，并伴随着固化阶段。当想法（设计的改变）更好或者侵入的路径更大、更好并拥有更快的流动时，传播的速度会更快且影响更广泛。以一个演化的设计来说，科学也类似于政治与城市。科学是人类发明的附加设备，过时的附加设备会不断演化，变得更有用。城市也是如此，它是逐步演化的：新的典范会骤然出现，就像环绕着繁荣都市的环城快速路。所有构成自然界演化的设计变化都有相同的时间方向，而这个演化的时间方向则是我们下一章的主题。

注释

[1] A. Bejan and J. P. Zane, "In Defense of Flip-flopping," Salon, January 26, 2012.

[2] Sophocles, *Sophocles I: Antigone*, 2nd ed., trans. D. Grene (Chicago: University of Chicago Press, 1991), 690.

[3] E. Hirsh, "An Index to Quantify an Individual's Scientific Research Output," *PNAS* 102, no. 46 (2005): 16569–16572; A. Bejan and S. Lorente, "The Physics of Spreading Ideas," *International Journal of Heat and Mass Transfer* 55 (2012): 802–807.

[4] A. Bejan and J. P. Zane, "Why Occupy Wall Street's Non——Hierarchical Vision Is Unobtainable," *The Daily Caller*, November 3, 2011.

Chapter 9

时间之箭

The Arrow of Time

自然界中的时间之箭是不可逆的现象：
所有的流动都是从一个高处到一个低处。

为什么未来不同于过去？为什么一定要如此呢？

科学界普遍认为自然界的时间之箭是存在于万事万物中的单向
（不可逆）的现象：所有的流动都是事物自身从高处到低处的过程。
举例来说，一个完全孤立的箱子（没有任何东西碰触到它）其内部
有高和低（不均匀性），那么这个箱子的内部会出现流动，并且这些
流动最终会减缓并趋向均匀，直到**没有任何流动——即意味着死亡**。

在另一个自然趋势中，时间之箭被描绘得更为具象：流动结构
的发生与演化（改变），包括有生命的和无生命的。这个时间之箭代
表了之前模糊概念的关键，比如知识、智能与机器的本质，即使在
许多科学家认为所看到的梯度（不均匀性）正在消失的孤立区域里
也能看到。如果在那个孤立区域中，在最初始的时刻高压区和低压
区的差异足够大时，区域内的流体就会表现出演化设计的趋势，而
非均匀性：例如电流、涡流和湍流。这种现象是流动结构、渠道以
及快速与缓慢之间的新的对比（梯度）。随着时间的推移，在孤立区
域内，梯度不仅会被消除，还会首先产生。这就是孤立区域内所展
示的全部物理原理。

不可逆现象的时间之箭方向是众所周知的。热的流动是从高温
到低温，而不是颠倒过来，这与桥下或水坝上游的水是一样的，这
种自然倾向可用热力学第二运动定律来说明。我们可以在图 9.1（a）
中看到，系统的定义是指实线围绕的范围，而热流 Q_H 是从高温 T_H
流向低温 T_L。

**演化现象的时间之箭的方向，就是整个自然界设计发生改变的
方向。**[1] 物理学中的"演化"意味着流动结构（设计）的改变发生
在一个特定的时间方向上。生命是运动，也是有目的性地去改变、

去组织的自由。生存需要聪明才智，越来越聪明正是活着的明证。本书的许多例子都阐述了这个现象。这一现象还有一个令人好奇的例子，称为"麦克斯韦妖"（Maxwell's demon），这是一个热力学中的早期难题，不过没人注意它与生命、演化和时间之箭之间的关系。

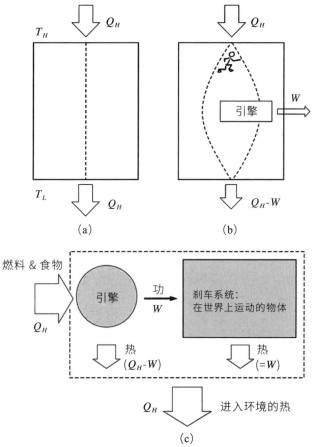

▲ 图9.1

伴随着热流进出，处于稳定状态的封闭系统：(a) 没有流动的组织结构（设计）(b) 有流动的组织结构 (c) 每一个运动的物体，无论是有生命的或是无生命的，都像是一台引擎，在运动的过程中将动力完全耗散在"刹车系统"中。演化设计的自然趋势与动力（引擎设计、动物或是机器）和耗散（运动与周围环境混合）趋势是一样的。（Copyright 2016 by Adrian Bejan）

我曾经对教过的学生提到"麦克斯韦妖"这一有趣的故事。[2]
麦克斯韦在评论孤立系统的热力学第二定律的趋势演化到平衡状态
（温度均匀）时指出，虽然温度在孤立系统中是均匀分布的，但分
子的速度却不是均匀的。他写道："现在让我们假设，把一个容器分
成两个部分——A 和 B，而在分隔板上有个小洞，还有一个可以看
见每一个分子的小生物，并且它可以打开和关闭这个洞。这个小生
物只允许速度较快的分子从 A 运动到 B，而让速度较慢的分子从 B
运动到 A。它不需要消耗功，但可以同时提高 B 的温度并降低 A 的
温度。"

假如我们用宏观而浅显的语言来描述，"麦克斯韦妖"的故事就
十分容易理解了。想象这个假想的"妖"可以跟随热流动，并且转
移部分的热到一个装置中——一种产生动力的设计或机器，如图 9.1
（b）所示。这种现象在自然界中无处不在，从作为一台热机的整个
地球，到像是一台有着马达的运输工具的动物，也包含了你我［图
9.1（c）以及图 2.4］以及热力学分析中的宏观假想的"妖"。

从图 9.2（a）开始分析。箱子中充满了均匀温度 T_1 与压强 P_1
的气体。气体在箱子里移动，其动能为 KE_1。在热力学语言中，这
种描述组成了状态 1。接下来，想象将箱子分割为 A 与 B，分隔板
对热具有高传导性。博学多闻的设计者在分隔板上安装了一个敏锐
的仪器，可以测量分隔板两面的压强。通过建造并操控这样的设计，
我们可以将经过它的热流记录并描述出来。

分隔板上每个点的两侧压强差不停地变化，而当喷流与涡流撞
击分隔板时，流体会停滞，压强会上升，这就是所谓的停滞压强
（stagnation pressure）。侦测仪器监视着分隔板两边 A 与 B 的压强。

每当 B 侧的压强大于 A 侧时，仪器就会打开一个孔洞，让一部分 B 侧的流体流到 A 侧，这一过程会持续到所有的运动终止。在最终状态下，孤立系统是等温的，而且 A 中的质量和压强都会大于 B。

简言之，孤立的系统是由 A 与 B 组成的，这意味着没有任何东西可以穿过它的边界（包括质量、热量和功）。状态 1 是有着均匀温度 T_1、压强 P_1 以及质量 m 的初始态。在热力学中，状态 2d 是受约束的平衡态，因为分隔板就是一个内部的约束。均匀温度（T_2），加上封闭的分隔板，使 A 侧的压强（$P_2+\Delta P$）大于 B 侧的压强（$P_2-\Delta P$）。A 侧与 B 侧的库存质量分别是（$m/2+\Delta m$）及（$m/2-\Delta m$）。而没有分隔板的状态 2 的平衡压力是 P_2。我们可以轻易证明（参见本书作者的"无处不在的麦克斯韦妖"理论）$\Delta P/P_2 = 2\Delta m/m$，并且在这个气体系统中，在 A 侧预期会多出的压强（ΔP）不能超过一个由内动能 KE_1 所决定的值。在微小变化的限制中，$T_2 - T_1 \ll T_1$ 且 $\Delta P \ll P_2$，超出的压强是 $\Delta P \leq KE_1/(mRT_1)$。

在这个宏观版本的"麦克斯韦妖"中，所有可能出现的过程都遵守热力学第二定律，也就是过程 1 → 2d，2d → 2 以及 1 → 2，没有一个"妖"会违反热力学第二定律。"麦克斯韦妖"与"我的妖"之间的差别在于尺寸。在麦克斯韦的微观观点中，假想的设计者与观测的仪器是非常小而精准的，使得它们可以观测到每个分子之间的速度差。而在我呈现的宏观现实例子中，设计师与观测仪器则更大，而且可见并可被触摸。

关键在于连接这两个现象的特征。分隔板的开与关是根据测量分隔板 A 侧与 B 侧之间的差异，这样的装置代表一种组织结构或设计，即一种有目的性的流动形态，或者说一种功能，并可以产生后

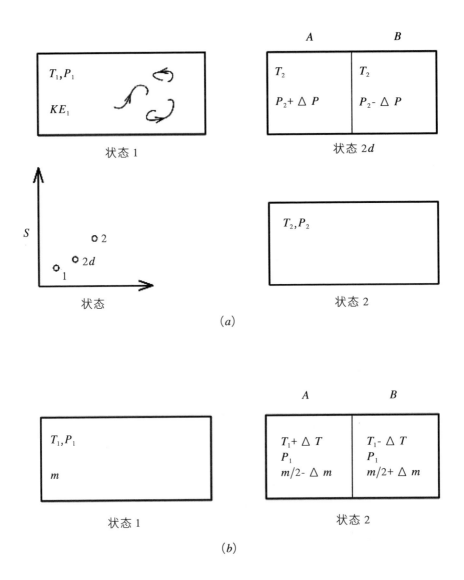

▲ 图9.2

(a) 孤立系统包含一个运动的理想气体（状态 1）。分隔板让系统两边存在压强差（状态 2d）。如果这个分隔板消失了，系统就会达到均匀的压强与温度的状态（状态 2）。(b) 麦克斯韦的孤立系统（状态 1），以及借助文中提到的分隔方法，形成两边有温差的状态（状态 2）。(Copyright 2016 by Adrian Bejan)

续的做功、动力与运动给那些会使用这些设计的人类。没有分隔板的系统不会有组织结构，它就只是一个黑盒。宏观图像使组织结构更清楚易见，而不像麦克斯韦的分子观点那样抽象难懂。

组织结构（设计）的价值是可以被测量的，它是组织系统产生有用的能量（可用的功和能量）以及运动的能力。我们可以轻易证明系统因为压强差（状态 2d）而产生有用的能量是 $\Xi = mRT_2(\Delta P/P_2)^2$，且这个值会随着压强差增加而迅速增加。有趣的是，这个设计的物理量 Ξ 类似于麦克斯韦设计的物理量，如图 9.2（b）所示，这个系统（m）一开始处于状态 1，且温度为 T_1 和压强为 P_1。

在状态 2 时，麦克斯韦的系统具有流动的组织结构：两个不同温度的空间 A 和 B，温度分别是 $T_1+\Delta T$ 和 $T_1-\Delta T$，并由一个完全绝热的分隔板隔开，分隔板上有一个有目的性的开与关的孔洞。这个设计的物理量是状态 2 相对于参考（死亡）状态（T_1, P_1）的有用能量，也就是 $\Xi = mc_P T_1(\Delta T_1/T_1)^2$。通过打开和关闭"智能"孔洞，我们可以提高分隔板两边的温差 $2\Delta T$，而麦克斯韦设计中的物理量也会随之快速增加。这两个 Ξ 公式之间的相似性是显而易见的。

回到图 9.1，它显示了更广义的（非孤立的）系统，而这个系统支撑着整个思维实践。通过组织结构，系统可以产生能量（W），或者说是单位时间产生的有用能量（做功）。通过设计，图 9.1（b）的系统会产生较少的熵，因为它产生的熵（也就是 $[Q_H-W]/T_L-Q_H/T_H$）小于图 9.1（a）中所产生的熵（也就是 $Q_H/T_L-Q_H/T_H$）。流出的熵较少，使得更多的熵（Q_H/T_H）看起来好像保留在系统内部，但事实并非如此。用术语"熵"来描述听起来似乎很科学，但实际上这种术语没有必要也不见得有效。

设计（组织结构）的演化是自然界流动系统的一种普遍倾向，它出现在生命以及地球物理的系统中，并且都符合"建构定律"。在图9.1中，这意味着时间的方向是从（a）指向（b），或是指向（c）。这种倾向也被认为是一种自我组织（self-organization）、自我优化（self-optimization）、持续增加的复杂性、秩序、网络与扩展。它同时也是优化理论（optimality）中许多零散（ad hoc）且互相矛盾的论点中的一个基础[3]，这些零散的论点有：最大熵值的产生、最小熵值的产生（注意这一对矛盾），流动的最大阻力（动物皮毛）、流动的最小阻力（注意另一对矛盾），动物身体质量的尺度，载重的固体结构（骨骼、木材）中应力的均匀分布，湍流中扰动的最大增长速度，快速定型的树状设计以及科技的演化（微型化、高密度的功能、最轻的重量）。所有由这些论点所解释的现象都包含在"建构定律"中。[4]

这些现象都是同一种现象：**设计变化的时间之箭。**看看产出能量（W）会发生什么变化，因为能量可视为组织结构的实际度量。无论是在地表上、水中还是空中，在水平搬运重物的过程中，能量都会被消耗〔图9.1（c），或是参见图2.4〕。每一个物体的流动和运动都是由于它正在被推动，推动来自于能量的产生，而能量的产生是由于流动的组织结构或是设计装置的出现，消耗则来自被运动物体挪移（穿透）的环境。

演化设计的物理效应是让所有的移动者有更多的运动和更大的通道，这是完整描述所有有生命或无生命的流动系统的物理学，从河流流域的水流到动物的移动，城市交通以及大气和海洋的循环都是如此。

地球表面是几个流动的血管系统的叠加，即水圈、岩石圈、大气层和生物圈不断地搅拌和融合。在更长久的历史范围中——我称它为"大历史（big history）"——每一个新产生的领域都会加入到现有的领域中，使得新的流动组织结构促进了更多的搅拌和融合。出现生物圈的地球必定发生在没有生物圈的地球之后，而不是反过来，因为有生物圈的地球比没有生物圈的地球更容易接近太阳驱动的洋流。

演化设计的时间之箭就是时间本身的物理定义。从生物圈出现之前的无生物世界开始，时间就已成为所有物理现象的特质。时间不是人类凭空想象出来的，它被记录在地壳和化石中，形成了地质时代的无数流动设计序列。时间通过排列和比较一系列照片——从很古老的到不太古老的，沿着构成自然界演化设计现象的流动结构序列来进行测量。

"大历史"的时间之箭是人类能感知到的最大可能尺度的"建构定律"。每个新诞生的领域并没有取代原有的，而是增强了现有的流动组织。原有领域并没有被淘汰，而是被新的领域连接并加强。在更小的人为尺度上，语言、写作、运输、通信以及其他科技产品的演化都证明了这一点。

由于出现了新的结构和节奏，流动系统会产生更大的通道，可以有足够大的空间、地区和体积，以及持续的流量。作为一种特殊的演化设计，人类如今可以依靠动物设计和引擎产生的动力持续地运动。这些设计随着我们一起变化，而且随着时间推移，我们的运动也更加容易。这就是"可持续性"（sustainability）的物理基础和意义。

　　什么是知识？为什么它是一种物理的流动呢？设计改变的传播是关于所有演化现象背后的物理原理，例如经济活动、交通运输、贸易、教育以及一切传播的物质，也包括信息，信息实际上就是知识的流动，而知识则是影响设计改变的有用能力。这些流程设计其实是无形的，也是难以捉摸的，只有那些掌握基本原理的人才能看到、理解并且传授这些原则。

　　这就是知识在一个领土上自然地传播出去（图 9.3）的原因。在这个过程中，边界的高低两侧不停地在变化，高的地区是那些拥有更多知识和运动的人；低的地区是那些拥有较少知识和运动的人。知识正在从高的地区渗透到低的地区。

　　　"知识就是力量。"

　　　　　　　　　　　　　——弗朗西斯·培根（Francis Bacon）

　　　"知识总是渴望增加；它就像火一样，必须先由一些外部的媒介点燃，但之后它会自己传播出去。"

　　　　　　　　　　　　　——塞缪尔·约翰逊（Samuel Johnson）

　　　"知识带来了远见，而远见带来了行动。"

　　　　　　　　　　　　　——奥古斯特·孔德（Auguste Comte）

　　另一种相反的设计变化则是疾病的传播，或者是侵略者的传播——他们的文明化程度远低于被侵略的国家。在被入侵的领土上，许多个体受到疾病和限制自由的影响，他们的运动会比被入侵领土之外的健康人口要少得多。

　　当我们思考图 9.3 中移动的地图时，我们看到了过去（罗马帝国的扩展以及欧盟扩展到东欧）和未来（佛罗里达扩展到古巴）。例如，独裁者要求"不干涉"（noninterference）他们内部的事务，这就是一场注定要失败的战争，"干涉"是自然发生的，因为好的想法会传播并维持下去。知识和更美好的生活是具有感染力的。

国家主义和其他感觉良好的思想往往会阻碍这种自然的趋势，它们的影响同样也是很短暂的。当国家处于饱受抨击的状态时，国民会团结起来保护它。我们看到如今的俄罗斯，以及我父母那一代看到的希特勒和斯大林，这些政权都是因为自身原因而导致自然的灾难性改变，并不是因为它们受到来自其他国家的不公平批判。成吉思汗、淋巴腺鼠疫[1]、斯大林等在历史上都是昙花一现，不幸的是，对许多人来说那仍然是一生的悲剧。这些都是"大历史"中的雪泥鸿爪，终将消失无踪，留下的是日益精进的文明社会。

一本充满文字和数字的厚书并不是知识，你大可把那本书当柴火烧了。知识是你从书上学到的、能实践的东西，是朱熹的"知行常相须"[2]。获得知识是一种能增加每个人的生命周期和旅行能力的设计的改变，感染疾病则会有相反的作用。前者改正了后者，让整个社会变得更聪明、能进行更多的运动。"一个受到新经验熏陶的心智永远不会回到它旧有的维度。"〔小奥利弗·温德尔·霍姆斯（*Oliver Wendell Holmes*）〕。

1　编者注：流行性淋巴腺鼠疫也叫黑死病 (Black Death 或 Black Plague，医学称之为 Bubonic Plague)。

2　编者注：出自《朱子语类》卷九——知行常相须，如目无足不行，足无目不见。

我们应该惧怕人工智能吗？当然不用，事实上情况恰恰相反：我们做的还远远不够。提出这样的问题正像是两百年前的人类所提出的问题，我们是否要害怕人造的力量？比如一个火车头？我相信当时也出现了这样的恐惧，但是很快全球就步入了拥有强大力量和高速度的时代，**拥有动力是一种自然的渴望。**

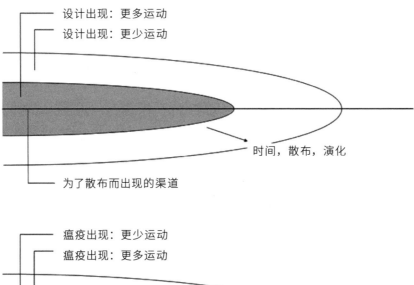

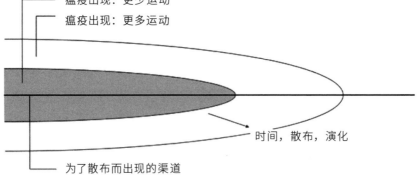

▲ 图9.3

知识是有感染力的传播设计的变化，可以在这个覆盖的领域中引导出更大、更容易、更持久的运动。瘟疫和奴隶则是一种反向传播。（Copyright 2016 by Adrian Bejan）

　　本章阐述了全球范围内科学、人才以及教育的流动设计，从过去历史中的思想创造者，到今天年轻的思想接受者。它说明知识从已经建立的渠道流向全体人类，也揭示了社会组织中一种无形的物理支柱，这种结构促进了知识的流动，从而提高并维持了生命。

　　科学也在朝着同样的方向演化，然而由于掌握了影响设计变更的新知识，许多科学家倾向于成为修正主义者。如果他们回顾过去，去审视那些对科学的误解和误用，会发现这些如今都可以被轻易修正。不过这种行为是不切实际的，科学的演化就像一列火车驶离车站，永不会再回头。当它运作结束后就会被封存起来，而它的工程师、锅炉工和驾驶员已经死去。接下来自然而然发生的事，是新的火车驶入车站。这就是科学如何一步步沿着演化设计的时间之箭所指示的方向发展的。

　　在所有动物中，人类展现的最大能力是可以改变他们作为个体、种群和物种的运动、生活以及延续的方式，如今人类轻而易举地赢得了这场比赛。随着农业和畜牧业的发展，人类获取食物的方式发生了巨大的改变。随着科学的发展，从几何学到热力学，人类获取动力的方式也发生了巨大的改变。

　　文明的历史就是关于这种形式和规模的变化。所有的设计变化都是有用的，并为我们提供了更容易、更安全、更长久以及更可持续的生活。为了达到这个目的而进行有用的设计变化的能力就称为"知识"。[5]如果想让他人搭上改善流动的浪潮，就要通过知识的传播。

　　由于新的结构和节奏出现，为流动系统提供了更好的通道，而且一个特殊类别的演化设计会让流动保持可持续性。这些新的设计变化随着时间会与我们融为一体，帮助我们更好地运动。这种设计变化在人类居住领土中的传播，就被称为更好的科学、知识、科技、通信等等。

有人会说通信是没有重量的，特别是电信通信。那么，在任何东西的运动都是由燃料和引擎（自然或人造）提供的动力驱动，并通过与四周环境的相对流动而消耗的情况下，通信是如何符合我们所描述的宏观图景的呢？这个问题很微妙，一点也不琐碎，但并不是关于在从演讲到电子邮件的通信行为中所使用的少量动力。在全球人类演化结构的物理学中，通信处于核心地位，它对运动（生命）具有重要影响。人类流动的每一个方面都依赖着通信交流，我这里只提两个方面：

第一，借助通信交流，我们能够一起组织并一起活动（一起居住）。越先进的社会，运动就越紧密，组织结构也会越高效，身为种群一员的运动会比单一个体的运动更容易。

第二，通信是"知识转移（knowledge transfer）"的实际物理现象。这就是产生有用的设计变化的能力，是如何从那些拥有能力的人传送到那些受惠于执行变化的人的方法（参见图 9.3）。通过那些接收通信之后产生的设计改变（新渠道会在改良的旧渠道之上），进而改善原本无法进行的运动，其运动的增加量让通信的物理效应可以被测量出来。从工程知识在地表上的踪迹，到政治观念在同一地表上带来的革命性影响，通信造成的物理影响无所不在。

正如本章前面所讨论的，知识会自然地传播出去，知识渊博的人也在增多。然而知识既显而易见又令人困惑，因为它通常会被误解为信息、数据、书籍、数字和许多其他常用词汇。当我们阅读丹尼·德·鲁杰蒙特（Denis de Rougemont）的文章时 [6]，这些困惑将烟消云散。

有一天，每一位教授都会非常惊讶地发现，他的教学内容会伴随着那些不是"课程中"的内容，是他在不知不觉中与他最好的学生们所交流的、其他的那些东西。

让·杰瑞斯说得很好："一个人不是传授他所知道的，而是在传授他自己本身。"

计算机知道很多东西，它甚至知道一切；但事实并非如此。它无法形成心智，因为它没有目的地提供思想。但是，它能够将人们的思想简化为一种对规则的遵守。

计算机"没有心智"，并且永远也不会拥有。"你"这个使用者是拥有思想的，计算机只不过是附加在你身上的附属品，就像人类使用汽车一样，它也是很多种延伸（大部分都很古老）之一。

知识会自然地传播出去，这种传播是单向的，从那些拥有它的人传播到那些没有但需要它的人那里。为什么会自然地传播？因为知识（设计变化）促进了人类的运动，且更大的流动是自然且普遍的。拥有较多知识的人与拥有较少知识的人之间的界线，会随着时间推移而持续淡化，即知识会从高处渗透到低处。在高处，那些知识渊博的人会比那些在低处的人的运动更多。我们从其他几个名词中也可以得知这个自然倾向，我会在下面的叙述中再重述一遍。

好想法听起来似曾相识，就像当我们听到一首好歌时，经常感觉自己曾经听过。我们都来自"好"的文化，并保留好的东西，忘记不好的。如果不是这样，我们在很久以前就会饿死、冷死或困苦而死。

好的想法总是让我们有莫名的熟悉感。每次在我讲授"建构定律"时，常常会听到这样的评论。这个定律是我们每个人与生俱来的，只要我们这么想，"建构定律"就自在胸中：

顺其自然。

找到最短的路径。

目的正当，就不需在意手段。

活在当下，及时行乐（Carpe diem）。

百无禁忌。

入乡随俗。

条条大路通罗马。

假如你不能击败他们，那就加入他们。

每个人都喜欢赢家。

假如你需要完成某件事，就让一个忙碌的人去做。

富人会变得更富有。

聪明人以有能力改变自己的想法而闻名。

第二次机会是一件好事。

时代已经改变了。

时间站在我们这边。

尽管"百无禁忌"和"入乡随俗"可能听起来相矛盾，但是它们共同代表了法治的本质，法治为何保障自由，法治为何自然发生。**凡是有人的地方，就有法律。**不过亨利·基辛格（Henry Kissinger）却说："如果你不知道你要去哪里，每条路都无济于事。"

在上面这个共识清单中，我再补充一句话，这句话是我在撰写本章时想到的：我们感觉到这个世界很小，或者说这个世界变得越来越小了，我们似乎每小时或每天都碰到同样的人。其实，世界并没有越来越小，这是可以测量出来的，我们之所以这么想，是因为我们沿着为数不多的渠道在地表上通行，通过我们自己的"河流"和"溪流"，渠道中还有其他像我们一样的人们；他们的数量并不多，因此我们会相互碰到。例如那些经常旅行的人，在机场的贵宾休息室总会看到一些相同的面孔。我们并不认识自己遇到的人，但是我们都在这些少数的渠道中流动。

　　这里还有个相反的例子：与人群逆行的初体验。几年前，我去爱丁堡大学探望我的儿子威廉。爱丁堡的人行道非常狭窄，我马上就注意到了，并且小心行走。然而迎面而来的人还是不断撞上我，我也一直撞到他们。第二天我想到了原因，美国人是靠右驾驶，而苏格兰人靠左驾驶。在狭窄的人行道上，我被训练成偏好走在人行道的右边，而当地人偏好走在人行道的左边。我们观察并被带入不同的流动中。

　　知识出现在人群中并世代相传，经过足够的知识积累以及许多代的努力之后，终于，会有一个人说："够了，让我们放上拱顶石（capstone），然后用一句话记住这一切。"这句话就是物理学的定律。

　　跟随大众一起运动并没有什么危险，如果有危险，我们每个人在很久以前就会被淘汰了。人类的演化是过去数十万年人工设计所展示的智慧，我们每个人都与不断演进的科技息息相关。我们为了自己的利益而演化，假如这种演化不正确，自然会被抛弃和遗忘。

　　每一件事都是向单一方向演化，而演化的过程可能是间歇性的，也可能是平滑的，但无论是哪一种，都不会令人畏惧。我们演化的方式是自然的，与密西西比河流域中的水流流动并没有什么不同，就像我们都在把重物从一处搬运到另一处。

但科学本身却是大多数科学家忽略的演化设计。科学起始于几何学，是一种图形（图像）的科学；接下来是力学，一种移动与连接图形的科学，这就是为什么对自然的科学解释通常被称为机械论。这是一个古老的名字，也是物理学的第一个名字。现在的名称是物理学，"物理（physics）"这个词来自希腊语，意义是代表发生的一切事情。另一个名字来自于拉丁语，即自然（*natura*），意思是"孕育万物的母亲"，我们就属于河流、动物以及与风相关的类别。

知识（新闻、科学）的流动也是从高处到低处，从那些拥有它的人流向那些想要获得它的人那里。当一端已经没有任何东西可以提供给另一端时，流动就会停止，就像旧新闻不会再被传播一样。

从语言设计如何促成人类活动中，我们就可以看到知识传播的样态。假设你并没有生活在百分之百说中文的环境中，也许是被几个各自说着不同语言的国家所包围，而且邻国所说的语言与你的语言相近。事实上，语言 A 与语言 B 密切相关，并不意味着以 A 为母语的人可以理解 B 语言，以 B 为母语的人理解 A 语言同样不易。这种不对称性有一个规则：使用"小众的"母语（传播程度低的语言）的人会发现他们更容易理解并说出与他们相近但传播更广泛的语言。

所有罗马尼亚人都明白这一点，即使没有学过意大利语、法语、西班牙语和葡萄牙语，罗马尼亚人也理解。意大利语和罗马尼亚人的母语非常相近且易于理解，因此一个在意大利的罗马尼亚人能够理解意大利语。

然而反之并不成立。到罗马尼亚旅行的意大利人只有经过一段时间之后，才能发现两种语言之间的亲密联系。法国人则在 19 世纪才发现这一点，而且是在许多法国人到罗马尼亚之后。

　　我的葡萄牙同事曾经说过同样的事，只不过不是葡萄牙语与罗马尼亚语之间的比较，而是他们与伊比利亚半岛（Iberian Peninsula）的邻国（西班牙）：葡萄牙人说西班牙语会比西班牙人说葡萄牙语更为容易。

　　阿拉伯语也是如此。说马格里布（现今包含摩洛哥、阿尔及利亚、突尼斯）方言的人更容易理解埃及方言，反之却不是，当埃及人听邻近国家的方言时，会很有难度。

　　还有一个时常发生的逸事，美国的交换生抵达西欧时，震惊地发现他们的欧洲同学"平均会说两三种语言"。当然，在欧洲大陆没有人能将两三种语言说得很地道，就像单纯只说英文的美国人一样，不过这依然是一个很明确的信息：一组人的耳朵受过训练，而另一组人的耳朵却没有。

　　这种信息不对称并不是由于大脑的原因，西欧人不是更聪明。在西欧接纳了各种各样来自东欧的人后，西欧人也惊讶地发现东欧人"平均会说六种语言"！

　　为什么会出现这样的不对称呢？

　　在欧洲真正的黑暗时期，东欧人民能够窥视世界的唯一方法（也是非法的）就是听广播。东欧人民向往西方，在午夜时分的被窝里，他们偷偷听着法语、意大利语，当然也包括英语，像美国之音的广播。在这期间，意大利人没有理由收听任何关于罗马尼亚的事情。对他们来说，最接近拉丁语的语言是不存在的，他们比如今的罗马尼亚人更了解古老的达契亚（Dacia）[1]。

---

1 编者注：达契亚，罗马尼亚古地名，古代喀尔巴阡山脉和特兰西瓦尼亚地区，现罗马尼亚中部偏北和西部。

赫尔辛基理工大学（Helsinki University of Technology）[1]的同事说过一个类似的故事。爱沙尼亚人（Estonians）理解芬兰语，但芬兰人却不理解爱沙尼亚语。这令人惊讶，因为芬兰语和爱沙尼亚语（以及匈牙利语）非常相近，两者的联系并非来自欧洲，而是源自中亚——乌拉尔（Ural）以东的地方。

在阿拉伯的世界中，音乐、电视和电影的主要产地都在埃及。所有阿拉伯人学习文化时，接触到的一切都有埃及口音。埃及腔的阿拉伯语是阿拉伯世界的主要语言，它势力广大，很多人都使用它，而他们使用它是基于某些有用的东西——知识或是文化——在这种语言中流动，并且传播到全世界。

文化指的是好的想法和决定，这里的"好"意味着这些想法如果实际施行，能够帮助人类和生命进行运动。好的东西会不断发展并持续向前，会被拥抱、接纳，并不是强迫人们接受。全球一直朝着这个方向变化发展，人类从知识流动的源泉中汲取养分，每一次人类迁徙都是由这种求知若渴的欲望驱动的。

在现代，时间的方向总是朝着两种最强势的语言：法语和英语。一百多年前，这两种语言都是全球性的语言，这一点可以在奥运、联合国以及每一本护照上看得出来。这两种语言产生的影响极为显著，在过去两个世纪期间，拉丁字体（罗马印刷字体）已被运用到许多语言中，尤其是在现在网络上的数字化媒体中，都体现出了它们的共同作用。

---

1 编者注：原赫尔辛基理工大学，现名阿尔托大学理工学院，位于芬兰赫尔辛基卫星城埃斯波的奥塔涅米，是芬兰顶尖的理工科国立大学。

随着时间的推移，英语被证明比法语更有用，而讽刺的是，这还要感谢法语。由于近一千年前诺曼人占领了英国，如今英语中充满了法语。大约四分之三的英语词汇源自于拉丁语，而剩下的四分之一则来源于日耳曼语。与法语不同的是，对于所有使用日耳曼语和罗曼语的人来说，英语听起来很熟悉，法语则只有罗曼语系的人听起来才熟悉。对于地球上的各种运动来说，英语是比法语更好的润滑剂，而美式英语因为文化熔炉的影响（melting-pot influences），比起英式英语来又更好。这也是为什么英语接管了通信、科学、文学和全球交流的原因，我们从来就不需要世界语。

促进英语传播的一个主要特性是简单，英语语法比起一些较古老的语言，例如法语、西班牙语和德语来说更简单，而出生于小语种国家的孩子更能体会到这种差异。使用英语不仅更简单，而且也更自由（更容易接受），即使对于初学者来说也是如此。比较一下学说英语和第一次在法国开口说法语，后者需要更大的勇气。

语言帮助科学的地方，远远超出了我们的认知。当我们受到新思想冲击，但新名词还没有被发明出来时，我们不得不错误地使用现有的语言（没有其他的选择）。即使语言这样被误用，它仍然是有用的，因为它让人们注意到科学正在经历一场重大变革，也宣告了一些新东西的到来——这是一个有洞察力的人也找不到正确的词汇来命名的新事物。

简单性对任何想法的流动都有好处。前面讨论的语言选择，以及每天的计算机程序设计，都是在改变流动设计的特性。同样的现象在世界各地的体育运动中也有惊人的体现。世界上最受关注的体育活动的阶层排列，是符合其规则的简单性的阶层排列。这种阶层

排列是根据该运动联盟规则书上的单词数量来衡量的：[7]

足球（FIFA）21,891 个单词

篮球（NBA）29,581 个单词

棒球（MLB）46,797 个单词

冰球（NHL）59,065 个单词

橄榄球（NFL）70,033 个单词

简单性也会降低成本，意味着越多的人（穷人）可以拥有更多的机会接触更简单的体育活动。

假如知识是一种能力，可以在人类与机器的演化设计中产生有目的性的设计变化，那么什么是人类的智能？肖恩·莱格（Shane Legg）和马库斯·赫特（Marcus Hutter）就想找寻这个问题的答案，[8]他们从人工智能的一个根本问题开始：没有人真正知道"智能"是什么。他们还引用了斯坦伯格（Steinberg）的说法〔出自格雷戈里（Gregory）："智能的定义的数量几乎和那些寻求定义的专家人数一样多。"[9]〕并列出了二十四个定义，例如：

"在我们看来，智能中有一个基本的机能，无论是变更还是缺少，都对实际的生活来说至关重要。这个机能就是判断，或者可以称为好的感知、实用的感知、创造精神，能让自己适应周围环境的机能。"

——比奈和西蒙（Binet & Simon），1905[10]

"能够从经验中学习或是获益的能力。"

——迪尔伯恩（Dearborn）[11]

"能够让自己适当地适应生活中新情况的能力。"

——品特（Pinter）[12]

"一个人拥有智能意味着他已经学习或是可以学习去适应自己周围的环境。"

——科尔文（Colvin）[13]

"我们应该使用'智能'这个词来代表一个有机体能够解决新问题的能力。"

——宾汉（Bingham）[14]

"一个全球性的概念，关系到一个人的能力，可以从事有目的的行动，可以合理地思考，以及有效地处理四周环境。"

——韦克斯勒（Wechsler）[15]

"每个个体之间的差异在于他们理解复杂想法的能力、有效适应环境的能力、从经验中学习的能力、参与各种推理形式的能力以及克服困难的思考能力。"

——奈塞尔及其他人（Neisser el al.）[16]

"我更喜欢把智能称为'成功的智能'，因为要强调是利用人们的智能在生活中取得成功。所以我定义它为一项技能，让人们在自己的社会文化背景下实现想要达到的任何目标。人们的目标是不同的，有的是在考试中表现得很好，并在学校取得优秀的成绩，而对有的人来说，可能是成为一位非常优秀的篮球运动员、演员或是音乐家。"

——斯坦伯格（Sternberg）[17]

"智能是内部环境的一部分，通过人与外部环境之间的界面，显示出认知任务需求的一种功能。"

——斯诺（Snow）[18]

"某些认知能力可以使个体能够在任何给定的环境中适应和发展，而这些认知能力包括记忆、检索和解决问题等等。认知能力可以成功地适应各种环境。"

——西蒙顿（Simonton）[19]

"智力是一种非常广义的心智能力，其中包括理性、计划、解决问题、抽象思考、理解复杂想法、快速学习和从经验中学习的能力。"[20]

"智能不是一种单一的能力，而是几种功能的复合体。这个名词表示在一个特定的文化中生存和进步所需的能力的组合。"[21]

"进行抽象思考的能力。"

——特曼（Terman）[22]

整合这些观察结果，莱格和赫特[23]提出了一个更普遍的定义："**智能检测了一位执行者在广大环境中实现目标的能力**"。这个定义与"知识的能力以及知识所拥有的"[24]以及"智能是贯穿所有表现形式的一个普遍要素"〔约翰逊（Jensen）〕是一致的，[25]同时也和包含在"建构定律"内的物理定义一致。[26]假如利用物理学区分知识和智能，那么智能就是人类持有、创造和传达知识的能力。

总之，知识是两种设计特征的名称，这两种特征会同时出现：想法（设计变化）与行动（设计变化的实践）。数据与书本纸张不是知识。设计变化会自然地传播，促进和加强运动的传播。变化及其传播是有感染性的，并且永无止境。时间之箭引领所有的设计变化，它从各个地方存在的"妖"那里获得更多力量，让每个地方都可以进行更多的运动。然而，每一个正在流动并可以自由变化的生命系统，都具有有限的生命。它的生命有多长，以及为什么它的生命是有限的，这些是我们在下一章要面对的物理问题。

注释

[1] A. Bejan and S. Lorente, "The Constructal Law and the Evolution of Design in Nature," *Physics Life Reviews 8* (2011): 209–240; T. Basak, "The Law of Life: The Bridge between Physics and Biology," Physics Life Reviews 8 (2011): 249–252.

[2] A. Bejan, "Maxwell's Demons Everywhere: Evolving Design as the Arrow of Time," *Nature Scientific Reports* 4 (Feb. 2014): 4017, DOI: 10 1038/srep 0401.

[3] Bejan and Lorente, "The Constructal Law and the Evolution of Design in Nature"; A. H. Reis, "Constructal Theory: From Engineering to Physics, and How Flow Systems Develop Shape and Structure," *Appl Mech Rev.* 59 (2006): 269–282; A. Bejan and S. Lorente, "Constructal Law of Design and Evolution: Physics, Biology, Technology and Society," *Journal of Applied Physics* 113 (2014): 151301

[4] Bejan and Lorente, "The Constructal Law and the Evolution of Design in Nature."

[5] Bejan, "Maxwell's Demons Everywhere: Evolving Design as the Arrow of Time."

[6] Denis de Rougemont, "Information Is Not Knowledge," *Diogenes* 29 (December 1981): 1–17.

[7] Nate Silver, "The English Premier League Starts Today; Here Is One Reason to Watch," *FiveThirtyEight*, August 16, 2014

[8] S. Legg and M. Hutter, "Universal Intelligence: A Definition of Machine Intelligence," *Minds & Machines* 17 (2007): 391–444.

[9] R. L. Gregory, *The Oxford Companion to the Mind* (UK: Oxford University Press, 1998).

[10] A. Binet and T. Simon, "Methodes Novelles pour le Diagnostic du Niveau Intellectuel des Anormaux," *L'Annee Psychologigue* 11 (1905): 191–244.

[11] Quoted in R. J. Sternberg, ed., *Handbook of Intelligence* (UK: Cambridge University Press, 2000).

[12] 来源文献同上。

[13] 来源文献同上。

[14] W. V. Bingham, *Aptitudes and Aptitude Testing* (New York: Harper & Brothers, 1937).

[15] D. Wechsler, *The Measurement and Appraisal of Adult Intelligence*, 4th ed. (Baltimore: Williams & Wilkinds, 1958).

[16] U. Neisser, G. Boodoo, T. J. Bouchard Jr., A. W. Boykin, N. Brody, S. J. Ceci, D. F. Halpern, J. C. Loehlin, R. Perloff, R. J. Sternberg and S. Urbina, "Intelligence: Knowns and Unknowns," *American Psychologist* 51, no. 2 (1996): 77–101.

[17] R. J. Sternberg, "An Interview with Dr. Sternberg," in J. A. Plucker, ed., *Human Intelligence: Historical Influences, Current Controversies, Teaching Resources* (2003), http://www.indiana.edu/z ~ intell.

[18] Quoted in J. Slatter, *Assessment of Children: Cognitive Applications*, 4th ed. (San Diego: Jermone M. Satler, 2001).

[19] D. K. Simonton, "An Interview with Dr. Simonton," in Plucker, ed. *Human Intelligence: Historical Influences.*

[20] Quoted in L. S. Gottfredson, "Mainstream Science on Intelligence: An Editorial with 52 Signatories, History, and Bibliography," *Intelligence* 24, no. 1 (1997): 13–23.

[21] Quoted in A. Anastasi, "What Counselors Should Know about the Use and Interpretation of Psychological Tests," *Journal of Counseling and Development* 70, no. 5 (1992): 610–615.

[22] Quoted in Sternberg, *Handbook of Intelligence.*

[23] Legg and Hutter, "Universal Intelligence."

[24] C. V. A. Henmon, "The Measurement of Intelligence," *School and Society* 13 (1921): 151–158.

[25] Quoted in Legg and Hutter, "Universal Intelligence."

[26] Bejan, "Maxwell's Demons Everywhere."

Chapter 10

死亡问题

The Death Question

生命是一种运动，
不论是在时间，还是空间中：
从出生到死亡，
以及从出生地到生命旅程的尽头。

通过物理学这门万物的科学，关于"生命是什么"的答案，此时已经很明确了。**生命是在世界地图上永不停歇的演化运动**。运动创造了流动的路径，路径提供了逐渐变大的通道，从它的开始到结束，运动的扩散依据 S- 曲线的成长历史。这是一部以演化为名，关于流动设计随着时间自由变化的重量级电影。演化是在传播有利于流动的设计变化，演化永远都不会结束。

这个答案很清楚，却并不完整。还有一个最后的问题（也是个双关语）有待解答：死亡是什么？为什么生命会结束？什么时候结束？在倒数第二章中我们会发现，如果用物理术语来表述这个问题，答案将呼之欲出：为什么运动会结束？什么时候结束？为什么死亡是生命的演化设计中不可或缺的一部分？

请注意这个物理问题和几个世纪以来生物学采用的方法之间的鸿沟。在本书中，我们并没有问，为什么活细胞和组织会经历衰退（degradation）？什么样的细胞和组织的过程可以解释博茨瓦纳沙漠奥卡万戈河的死亡？什么样的细胞和组织，步了逝去国家的后尘？这一系列问题的荒谬程度是显而易见的，死亡不能等同于出生。

总而言之，作为回答最后一个问题的第一步，我们必须意识到，要继续依据生物学来回答最后一个问题，就必须继续挖掘已被挖掘过的山丘。不过生物学还是有用的，毕竟许多科学家都思考过死亡问题，特别是当他们逐渐老去的时候，已经累积编纂出大量的观察文献。多数人认为是随机的事物，却有少数人可以从中看出脉络。以下是物理学中的广义论点，可以作为回答最后一个问题的线索：体型更大的动物寿命更长，而且可以运动得更远；更大的石头能滚动得更远，而且运动持续得更久；更大的波浪也是如此。我们都知道这一点，但是其组织结构在有生命和无生命领域的普遍性却都被忽视了。

　　在生物学中，经验法则给出的动物寿命（t）和体重（M）之间的关系是有文献可查的：这个关系的形式是 $t \sim M^\gamma$，其中指数 γ 小于 1。对于哺乳动物，观察结果显示 γ 值大约为 0.22，并且动物在 $t \sim M^\gamma$ 曲线周围的分布相当分散。[1] 指数 $\gamma \sim 0.22$ 意味着体型越大的动物活得越久，但是体型 2 倍大的哺乳动物并不是代表它的寿命也会有 2 倍长——平均而言，只多了 16%。

　　这些只是从观察中得到的模型，是对观察到的现象的简单描述。要领会这些模型的真正含意，我们可以想想湖面上的鸭子和木匠工场里制作出来的鸭子。字典上的定义说明了一切：模型是一个复制品，是一种对于我们在自然界中观察对象的简化诠释；而湖面上的鸭子是先出现的。结论是：建构模型是一种经验主义，和理论相反，模型本身并不是理论。

　　为什么更大的动物会活得更久？直到最近这都是一个令人困惑的问题，[2] 并不是因为它很难解释，而是这个问题之前没有被提出来。也许 γ 指数的经验数值之所以没有被质疑，是因为它很接近 1/4。有几个根据经验法则建立的关系指数都等于 1/4 或是 1/4 的倍数，而这些确实有理论基础。例如，心跳和呼吸之间的时间间隔与 $M^{1/4}$ 成正比，代谢率与 $M^{3/4}$ 成正比。[3] 像 1/4 和 3/4 这样的指数给人的既定印象是所有的动物设计都是基于 1/4 次方的比例，并且都是建立在理论基础上的（另见 2005 年之前的一篇动物设计领域评论）。[4]

　　2004 年，我在瑞士阿斯科纳（Ascona）参加研究动物设计的生物会议时，首次听到 1/4 次方的比例这种说法，[5] 这让我觉得很奇怪。在那次会议里，我展示了关于动物的设计飞行速度的理论公式（$V \sim M^{1/6}$），[6] 不过它的指数是 1/6 而不是 1/4 或 1/4 的倍数。如果所有动物设计都被认为是以 1/4 次方比例为基础的，那么 1/6 是怎么回事呢？

我当时想，是不是还有其他动物设计的经验法则，这些法则并未包含 1/4 次方比例的现象，即使 1/4 次方比例涵盖了代谢、呼吸以及其他几个身体功能的现象。答案是有的。1/4 次方法则并没有得到理论支持，尽管它看起来似乎解决了寿命与身体大小的关系。但这是为什么呢？

因为运动。代谢率的 1/4 次方的比例是逆向流动中配置的动脉和静脉的树状设计的结果，这些动脉和静脉在逆向流动方向上起着动物身体和周围环境之间的隔热作用。代谢率的 1/4 次方的比例，源自血液对流系统中动脉和静脉的树状结构，而对流系统可以在血液流动时，隔绝热从体内逸散到周围环境。[7] 呼吸的 1/4 次方比例，尤其是吸气和呼气的间隙，是高密度质量传递（O_2 到细胞组织以及来自细胞组织的 CO_2）的树状肺部设计的必要特征。[8] 重要的是，新陈代谢和呼吸的 1/4 次方规则是针对休息时的动物所产生的热和呼吸，而不是正在运动的动物。

寿命不在于无所事事，它是关于运动的，想要用物理原理预测寿命，我们就必须从预测动物的运动开始。一旦我们看到这种关联，就会理解寿命的尺度一定是具有普遍性的。为什么呢？因为运动的尺度规则统一了所有的动物（飞行类动物、陆生动物、水生动物）以及人类与机器（我们的交通工具）。**寿命不应该只适用于动物，应该适用于每一个运动的物体**，包括无生命的物体，例如水流、气流和岩石。

在预测动物寿命的过程中，我们必须预测它们整个生命周期内，在世界地图上经过的路径长度以及一生中的气流。这就使我们发现，较大的动物除了寿命更长之外，还应该运动得更远。总之，生命可能看起来很复杂，但它最简单的描述只包含两个观测量：寿命与生命旅程。两者都扎根于物理学，这让生命本身成为了一种物理现象。[9]

我们从地球上最简单、最大且最古老的运动者开始：大气和海洋的运动，它们就像紊乱的喷流（jets）和羽流（plumes）（图10.1）。例如在炎热的日子里，从地面上升起的热气柱，羽流流体比周围环境的温度高；而另一方面，当由它的初始动能驱动的喷流从管口喷出来时，喷流流体与周围流体的温度相同。自然界的所有流动介于这两种流动之间：每个流动都包含了喷流和羽流，喷流多于羽流，或是羽流多于喷流。

紊乱的喷流和羽流所占据的平均时间混合区域（锥状或楔形），其顶点展开的角度大约是20°。[10] 参见图10.1的下半部。在每一个瞬间，喷流都携带着一个镶嵌其中、可见且独特的旋流、涡流或是旋涡的集合体。流动系统的普遍阶层结构——几个大的与许多小的结构——也控制着这样的结构。较多且较小的结构会更早产生，且来自靠近喷流的源头。图片中"几个大的"结构才刚刚产生。想想看，图片中最久远的流动设计是最小的，而最年轻的流动结构则是最大的。正如我们将在本章中看到的，较小的结构消逝在较大的结构之前。

这种观点似乎与我们过去对"生长"的想法相互矛盾：儿童是年轻的，而成年人是老的。但事实上并不矛盾。成长不是演化，成长是一种流动变化的现象（参见第七章），而演化是自然界中另一种独立的现象。

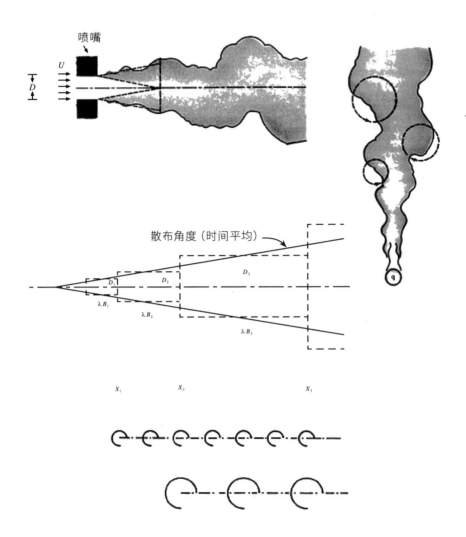

▲ 图10.1

紊乱的喷流、羽流和剪流层（shear layers）：锥形或楔形所占据的平均时间流动角度
大约是20°。从"建构定律"可以预测弯曲的流动和涡流产生机制的阶层结构〔A.
Bejan, Convection Heat Transfer, 4th ed.(Hobokwn: Wiley, 2013), chapter 7-9)〕。较小的涡
流会更频繁地产生在接近流动区域的起始点，较大的涡流则较不频繁地产生在下游
更远的地方。所有涡流都会因为黏性耗散它们的动能而消失。小的涡流的生命与旅
程较短，大的涡流则有更长的生命与旅程。（Copyright 2016 by Adrian Bejan）

现在，想象一个平坦的喷流从狭缝状的喷嘴出来，喷嘴的间隙是 D，而它的速度是 U。由于喷流会和周围的流体混合，喷流在它的纵向流动方向（X）会减慢。它的中心线速度 u_c 随着 x 的增加而减小：$u_c \sim UD/x$。

这个喷流会行进多远呢？让我们假设喷流的行进长度是 $x \sim L$，这个位置的中心线速度变得非常小，大约是 $u_c/U=\varepsilon$，其中 ε 是一个远小于 1 的约定常数，例如 0.01。结合这个约定常数和 $u_c \sim UD/x$，我们发现行进距离大约是 $L \sim D/\varepsilon$，其中 D 是喷流大小的物理量。第一个结论是较大的喷流应该行进得更远。

流体的流动最多可以维持多久呢？我们来回答这个问题，就要通过积分 $dt=dx/u_c$，积分区间从喷嘴（$x=x_0$）到 $x=L$，$u_c=U$，然后得到 $t=(L^2-x_0^2)/(2UD)$。注意，x_0^2 和 L^2 相比是可以忽略不计的（因为根据假设 $\varepsilon \ll 1$），我们发现任何流体包络（fluid packet）的存在寿命的数量级都是 $t \sim D/(2\varepsilon^2 U)$。所以第二个结论就是更大的喷流应该会持续更长的时间。

这些结论既适用于平坦横截面（cross section）的紊乱喷流，也适用于圆形喷流，或是平坦和圆形的紊乱羽流。[11] 当流动的结构越大时，它们持续的时间就会越长并行进得越远。

河流类似于紊乱喷流，只是它们不是流体—通过—流体（fluid-through-fluid）的流动，而是流体—通过—固体（fluid-through-solid）的流动，换句话说就是流经易侵蚀河床的河流。河床是固体，它稳定了河流弯曲和变得不稳定的自然趋势，凸起的河湾（elbows）在自由的喷流中会形成涡流（图 10.1）。在河流中，被稳定下来的河湾就是我们看见的河流曲折蜿蜒的路径，它们不是静止不变的，而是非常缓慢地变形并向下游移动。这个类比意味着一条紊乱的喷流就像是一个河流的三角洲，所有的河流（三角洲的渠道）都变得不稳定，并且产生了有阶层结构的涡流（几个很大和许多很小的涡流），其本质就和河流渠道的阶层结构一样。

在河流中，水的流动是由重力驱动的，并且沿着倾斜的河床移动。想想奥卡万戈三角洲的河流流动（图 10.2），主要干道的河流（mother river）从安哥拉抵达博茨瓦纳，侵入了一个没有边界的平坦地区，进入卡拉哈里沙漠。长度（L）代表的是水在其寿命内行进的总长度，时间（t）代表的是水行进这个距离所需的时间，即它的寿命。t 和 L 有多大？它们和流动系统（主要干道的河流）的大小之间存在什么关系呢？

要回答这些问题，我们就要思考图 10.2 下半部所示的三角洲模型。三角洲是水平的，它的流动由抵达的河流的动能所驱动，一开

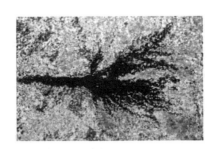

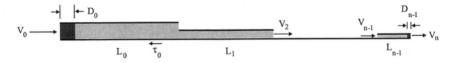

▲ 图10.2

一条河流在一个区域上的扩展，与一束喷流进入蓄水池的样态相似（图 10.1）。上图是奥卡万戈三角洲（美国太空总署照片）。（Copyright 2016 by Adrian Bejan）

始的速度为 V_0 且"喷嘴"的直径为 D_0。尽管一条河流的横截面看起来具有两个维度：宽度和深度，但是从更大流量的演化设计上，我们可以预测在各种河流的尺寸中，宽度与深度是成正比的，[12] 所以横截面只有一个长度的尺度，而不是两个。在目前这个模型中，长度的尺度为 D_0。

接下来，思考一个质量为 M_0 的水包络（water packet）的行进过程，它从入口流到三角洲（V_0），然后一直流到四周最小支流（V_n）的末端。其中，分支支流的数量（n）远远大于1。水包络的横截面面积大小为 D_0^2，并且假定纵向长度为 D_0，因此 M_0 和 ρD_0^3 是一样的，此处 ρ 指水的密度。

水包络的初始动能是 $1/2M_0V_0^2$，且这个动能在沿着河床流动的过程中，会被湍流的摩擦力（turbulent friction）［底部的剪切应力（shear stress）$^1\tau_0, \tau_1\cdots$］消耗掉，较大的乱流较少，较小的乱流较多。在这个消耗过程的分析中，我们必须考虑流经每个分支的过程中质量和动量的守恒：注意在每条分支中，渠道的厚度和速度出现的阶段式变化。质量守恒原理就是为什么下游渠道会更薄且数量更多的原因。

最后，通过观察当乱流沿着崎岖不平的渠道中流动时，在河床上的摩擦剪切应力（frictional shear stress，在图10.2中沿着 L_0 所标

---

1 编者注：剪切应力，物体由于外因（载荷、温度变化等）而变形时，在它内部任一截面（剪切面）的两方出现的相互作用力，称为"内力"。内力的集度，即单位面积上受到的内力称为"应力"。应力可分解为垂直于截面（剪切面）的分量，称为"正应力"或"法向应力"；相切于截面（剪切面）的分量称为"剪切应力"。

记的 τ_0）与流动的速度平方成正比（例如，$\tau_0 = 1/2 \rho V_0^2 C_f$，此处 C_f 是一个数量级为 0.01 的经验常数），模型大功告成。水包络遭遇到的总摩擦力是剪切应力乘以水包络与河床之间的接触面大小（例如，在三角洲的入口处是 $\tau_0 D_0^2$）。由于摩擦力的作用，水包络的动能沿着渠道一直在消耗与递减。

从这个分析中 [13]，我们得到了从入口到出口流动时间的一个简单法则：$t \sim 0.5 D_0/(C_f V_0)$，而且行进的长度为 $L = L_1 + L_2 + \ldots = 0.4 D_0/C_f$。令人惊讶的是，河流时间 t 和行进长度 L 的法则，与上面讨论的平坦紊乱喷流的本质是一样的。更大的河流寿命会更长，并且行进得更远。

车辆和我们目前预测的空气和水的流动系统并没有什么不同。参见图 10.3 中车辆行驶的模型，车辆行驶的距离是 L，同时消耗的燃料量是 M_f。车辆的质量 M 分为两个主要部分：燃料质量 M_f 和机械车辆本身的质量 M_m。

质量 M_f 的燃烧将产生的热 $Q = M_f H$ 传递给内燃机，这里的 H 是单位燃料质量产生的热能值。由 Q 所产生的功在 L 的行驶中被破坏，换句话说 $W = \mu M g L$，此处 μ 是一个等效的摩擦系数，而 Mg 是负载车辆的重量。对于各种形式的交通运输方式，如通过陆地、海洋与天空，W 的公式都是成立的（但会有不同的 μ 值）（参见第五章）。

车辆的能量转换效率（$\eta = W/Q$）展示了一种尺寸效应，即规模经济，而这个效应对所有发电机与使用动力的装置都适用。尺寸较大的机器会比尺寸较小的机器更有效率，因为它们运作过程中的障碍物更少，摩擦力（更宽广的通道提供流体流动）和不可逆的热传递

（较大的表面提供热传递）也会更少。[14] 经济规模的实际状况是根植于物理学的。它的效应由效率公式 $\eta = C_I M_m{}^\alpha$ 表示，其中 C_I 和 α 是常数，且 α 必须小于1，由于效率曲线趋向理想极限的稳定值，其必定为凹形曲线。结合 Q、W 和 η 的表示式，我们发现在地表上的质量总运动的尺度（ML）是 $ML \sim (C_I H/ug)\, M_m{}^\alpha M_{fo}$。因为总质量被要求满足 $M = M_m + M_f$，所以当 $M_f/M_m \sim 1/\alpha$ 是一个定值时，乘积 ML（即 $M_m{}^\alpha M_f$）有最大值。

结论就是，机动车辆的大小与车辆使用燃料的负载多少之间必然存在一个正比关系。所有的运输系统和动物设计都支持这样的预测，这样的设计已经演化了一阵子，因此越大的动物食量也越大，更大的运输工具自然会装载更多的燃料。我们在飞机的演化中也看

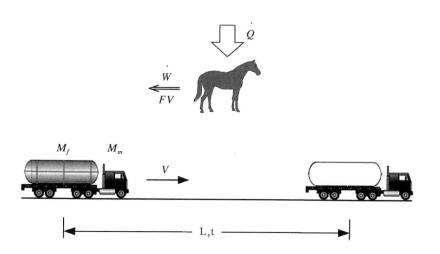

▲ 图10.3

车辆和动物的大规模运动，与水如何在河流渠道中流动相似。（Copyright 2016 by Adrian Bejan）

到了这种设计特征（参见第四章）。M_m 和 M_f 均以它们总和的数量级 M 表示。从 ML 公式中，我们得出结论：$L \sim (C_1H/\mu g)f(\alpha)\,M^\alpha$，其中的因子 $f(\alpha)=\alpha^\alpha/(1+\alpha)^{1+\alpha}$ 是数量级为 1 的常数。车辆的行驶范围（L）的变化与 M^α 成正比，因此更大的车辆行驶得更远，并且覆盖的范围也更大。

车辆行驶的寿命为 $t \sim L/V$，上面的分析中已经给出 L，而当车辆的尺寸越大时，车辆速度会更快。例如，质量在 $10^3 - 10^6$ 千克之间的飞行器，其速度数据落在所有飞行动物的速度——质量关系曲线 $V=C_2M^\beta$ 附近，其中 $\beta \cong 1/6$。关于它们的寿命，我们可以得到 $t \sim (C_1H/C_2\mu g)f(\alpha)\,M^{\alpha-\beta}$ 的公式。

由于车辆的效率随着车身尺寸的增加而增加，这个关系中的指数（α-β）会落在 0.3-0.45 的范围中。总之，大型车辆在地球上的运行寿命也必须更长。这是理论呈现的条理分析，其预测激励了人类未来对地表上各种类型和尺寸的车辆持久性（生命周期和旅程）的统计研究（参见第四章）。

动物就像所有其他"运输工具"一样搬运质量——例如卡车、河流以及空气和水的所有紊乱喷流和羽流。大型动物可以被认为是具有内燃机的车辆，它们必须具有较高的热动力学效率。参照图 10.3，我们在单位时间上分析动物载具，其热输入的功率 $\dot{Q}$（瓦特）和输出的做功功率 $\dot{w}$（瓦特）。热输入的功率 $\dot{Q}$ 与动物的代谢率成正比，这是可以预测的，且与 $M^{3/4}$ 成正比。[15] 做功功率的输出 $\dot{w}$ 等于水平力 F 乘以速度 V。力的大小 F 和身体的重量有关，与质量 M 成正比。各种介质中（水中、陆地、空气中）[16] 的动物运动的速度都与 $M^{1/6}$ 相关，尽管也存在许多异常的尺寸比例（例如海龟、人类），

偏离了 $M^{1/6}$ 这个比例法则，不过这些异常尺寸比例的存在是由于其他原因，如栖息地、身体护甲、大脑尺寸等。尺寸比例的关系 $V \sim M^{1/6}$ 指的是一种在广义上的统一趋势。因此，输出的做功功率（FV）与 M 之间的尺度关系中的次方数变成了 $1 + 1/6 = 7/6$。

动物移动质量的效率和车辆的一样，是 $\eta = \dot{W}/\dot{Q}$，并且根据 Q 和 $M^{3/4}$ 之间的正比关系，以及 W 与 $M^{7/6}$ 之间的关系，我们得出效率 η 随着体重 $M^{5/12}$ 而增加。指数 $a = 5/12$ 与机器效率报告中的公式 $\eta = C_1 M_m^{\alpha}$ 出现的指数是相符的，这个指数 α 具有和 5/12 差不多的值。

对车辆的分析也适用于动物：运动质量（M_m）加上食物质量（M_f）的动物，在其一生的时间 t 内，共移动了距离 L（生命旅程）。这个分析显示了对于最低食物的需求 M_m 必须与 M_f 成正比，也意味着 M_m 和 M_f 必须与 M 成正比。由此我们可以得出结论，动物的运动长度 L 随着 M^{α} 而增加，这代表动物的生命旅程 L 应该与 $M^{5/12}$ 成正比。

之前并没有动物生命旅程的理论，这就是为什么生物学文献没有提供任何实验数据证明 L 和 M 之间的关系。文献上的确说，居住地区（称为家庭范围）越大的动物，体型也更大，但是地区不能与生命旅程混淆。就像麻袋的大小与填充在麻袋中的绳索长度是不一样的，麻袋的尺寸还没有被预测，但是绳子的长度已经被预测出来了。

最后，我们得出了动物质量移动的寿命与移动距离 L 之间的关系，即 $t \sim L/V$，其中 V 随着 M^{β} 增加，而 $\beta = 1/6$。这得到了与车辆相同的结论，也就是动物运动的寿命（t）与 $M^{\alpha-\beta}$ 成正比，这里

的指数现在是 α - β =5/12–1/6=1/4。

最重要的一句话是，物理学可以预测出寿命和 M^γ（其中 $\gamma \cong$ 1/4）之间的近似比例关系，这个关系体现了所有运动物体的一种自然趋势，即想要获得可以帮助它们通行的结构：图 10.1 中的横向动量（transverse momentum），它是形成湍流和 20°角的流动区域，也是内燃机质量与车辆和动物的身体质量成正比（参见图 10.2 和 10.3）的原因。

预测的 $t \sim M^{1/4}$ 的正比关系完善了观察的动物设计中大约 1/4 次方比例这一理论基础。因为心脏跳动和呼吸的时间间隔（t_b）也是与 $M^{1/4}$ 成正比的，所以无论动物的身体大小如何，所有动物的心跳和呼吸的总次数（t/t_b）必须相同。这些和身体尺寸无关的数字已经从经验上为人所知，[17] 而现在我们看到它具有物理学的理论基础了。

这类与"生命全期"相关的现象无处不在，不仅仅在动物身上，从每个滚动的石头[18] 和紊乱的涡流上都可以看到。一颗滚动的石头展现出与所有搬运质量的运动者，比如动物、车辆、河流和风一样的生命特征，并且被这一理论统一。更大的石头滚动得更远，它们的运动持续时间更长，而且滚动次数（它们的"心跳"）是定值，与大小无关。

想像一颗石头在一个平面上滚动（图 10.4），它的质量为 M，使它减速的水平摩擦力为 $F \sim \mu_f Mg$，其中 μ_f 为摩擦系数。由于石头表面粗糙，在滚动的石头与平面之间存在着摩擦。尽管随着时间的推移，所有滚动的石头都会演化为球状，但没有一个石头是完美的球体。

假设石头的初始速度为 V，由于摩擦力，在滚动的距离终点 L

以及滚动结束的时间 t 之后，速度会递减到 0。这两个测量值 t 和 L 分别是石头滚动的寿命和生命旅程，它们有多大呢？

这颗石头的生命来自于它开始滚动的初始动能，也就是 $1/2MV^2$。此处 [1] 我们忽略了数量级为 1 的数值因子，并且注意到 MV^2 和系统的初始动能的数量级是一样的。动能会完全被转换成做功（ $F×L$ ），它经过摩擦变为热的能量逸散到周围环境中。从 MV^2 和 $F×L$ 之间的平衡中，我们发现 L 的大小为 $V^2/(\mu_f g)$，而 t 的大小为 $V/(\mu_f g)$。

显然理论上这个石头正滚向一个正确的方向，因为常识告诉我们大石头确实滚得比较快。这就是为什么在岩石塌方后，人类不可能跑得比滚落的巨石快。那么为什么更大的石头滚得更快更远？

因为滚动的石头不完全是圆球形的。当它滚动时会猛烈地上下碰撞，它的质心扫出了一条摇摆的轨迹，而这个摇摆的振幅大小是与它的形状和理想球形之间的偏差大小成正比。这种偏差的长度尺度和它的本体尺度是一样的，也就是 $D \sim (M/\rho_s)^{1/3}$，其中 ρ_s 是石头的密度（或者换个方式说， $M \sim \rho_s D^3$ ）。每个滚动都是一个向前的运动，其前进速度与伽利略速度（ *Galilean speed* ）相关，也就是从高度 D 落下后的速度，因此 $V \sim (gD)^{1/2}$，即 V 与 $M^{1/6}$ 成正比。这就是更大的石头滚得更快的原因。

现在我们回到 t 和 L 的公式上，使用 $g^{1/2}(M/\rho_s)^{1/6}$ 来取代 V。我们得到了 $L \sim (M/\rho_s)^{1/3}/\mu$ 以及 $t \sim (M/\rho_s)^{1/6}/(\mu_f g^{1/2})$。这些小公

---

1 根据作者比赞所著的《热的传导》（ *Convection Heat Transfer* ）一书中所讨论的尺度分析方法。

式预测了一些关于所有尺寸滚石的显著事实：

1. 更大的石头应该滚动得更远、"活"得更久。请注意 L 和 $M^{1/3}$ 之间，以及 t 和 $M^{1/6}$ 之间成正比。

2. 滚动的数量（N）与石头的尺寸无关。请注意滚动（向前）的时间尺度：$t_r \sim D/V$，因此 $N \sim t/t_r \sim 1/\mu_f$，此处 N 是一个常数。

3. 寿命 t 与生命旅程 L 的平方根成正比，且它们的比值 $t/L^{1/2}$ 和石头的尺寸无关，这与我们在动物（$t \sim M^{1/4}$，$L \sim M^{5/12}$）和车辆上发现的结果非常相似。

隐藏在这些发现之下的，是一种关于滚动石头的设计演化的趋势。我们可以观察到一个很明显的现象，任何滚动的石头都会变得越来越圆，这从轴承滚珠的制作中就能看出来：将钢球置于两个粗糙的平面间滚动，直到它们磨成完美的球体。这种滚动石头的演化会朝着越来越像一个球体的方向发展，而这意味着摩擦系数 μ_f 的演化很自然地向更低的值发展。

由于 $t \sim 1/\mu_f$ 和 $L \sim 1/\mu_f$ 的比例关系，滚动石头朝向更小的 μ_f 值、更长的寿命（t）以及更远的生命旅程（L）的方向演化。通过设计演化，这种让流动更顺畅、流量更大的趋势，将本书讨论的各种运动例证——不论是有生命的还是无生命的——统一起来。这就是为什么人类生活会从没有轮子的运动演化到有轮子的运动，而不是相反。[19]

蜣螂滚出的粪便近似一颗完美的球体（图 10.4）。粪便和蜣螂构成了一颗内部装有马达的"滚动石头"，和图 10.3 的动物（或是车

辆）类似，可以被视为河水中的一个水包络（图 10.2）或是紊乱涡
流（图 10.4）。

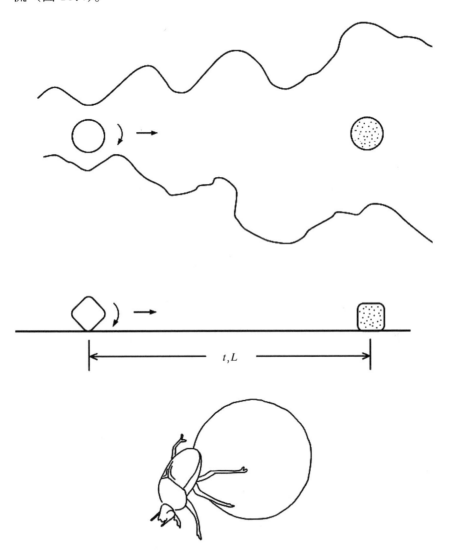

▲ 图10.4

滚动的石头与紊乱涡流的寿命（t）与生命旅程（L）。较大的物体"活"得更久，
并且运动得更远。（Copyright 2016 by Adrian Bejan）

一个涡流在紊乱的流体中的滚动与前面讨论过的滚动石头，以及所有其他质量的移动者一样，都具有相同的寿命、生命旅程和死亡。回顾一下图 10.1 描述的涡流生成现象，并想象你随着其中一个涡流向下游移动。你所在的涡流是一个流体的风眼，它在流体槽里旋转。涡流的旋转动能会因为与流体槽之间的摩擦而消散，直到旋转停止。当旋转停止时，涡流就"死亡"了，即不再存在。

在最简单的描述中，涡流具有两个尺度，直径 D 和滚动的圆周速度 V。后者是由涡流所在的混合区域决定的——楔形、锥形、喷流或羽流。在这里，我们将 V 视为一个外部参数，它与涡流的大小无关。换句话说，沿着混合区域的湍流有许多不同尺寸的涡流，并且在湍流的有限长度区域中（取跟着局部涡流移动的坐标系），V 的数量级大小并不会改变。涡流的旋转动能是 MV^2 的数量级大小，这里的涡流质量 M 为 ρD^3，其中 ρ 为流体密度。

动能经过滚动摩擦而完全消散，其中流体的流动是一种剪切运动（shearing motion），出现在大的流管和其中旋转的小流管之间。涡流外围（切线方向）的摩擦力为 $F \sim \tau D^2$，这里的 D^2 是涡流表面积的数量级大小，而黏滞剪切应力（viscous shear stress）是 $\tau \sim \mu V/D$，其中 μ 是流体黏性。消耗速率为 $F \times V$：这是摩擦造成动能递减的速率。将动能除以消耗速率，我们发现将涡流看成是滚动的质量携带者的寿命是：$t \sim M/(\mu D)$，这个结果与 $t \sim D^2/\nu$ 相同，其中 ν 是流体运动的黏性 μ/ρ。

第一个结论是更大的涡流应该持续更长的时间。涡流的寿命与 D^2 成正比，也就是 $M^{2/3}$。涡流的生命旅程（一生行进的距离）为 $L \sim Vt \sim VD^2/\nu$，这使我们得到第二个结论：更大的涡流应该行进得更远。我们发现，关于涡流寿命（t）和生命旅程（L）的公式并不会改变，当我们用滚轴模型（rolling pin model）代替涡流洞模型（单一维度，D）时，滚轴模型针对的是直径 D 的滚动圆柱体，且它的轴长大于 D。

正在"死亡"的涡流，它的消逝是宏观上可以辨别的过程，但是没有具体形状的运动（例如通过扩散）会在它的空间中持续停留一段时间。我们借用**埃姆斯（Eames）的隐喻** [20]：**泡泡因凝结消失，水滴因蒸发消散，死亡是物体的消逝，如幽灵般伴随而生的涡流也终将消亡。**

涡流在死亡前滚动了多少次？一次滚动的时间尺度为 $t_r \sim D/V$，途中的滚动直到死亡的次数为 $N \sim t/t_r \sim VD/v$。令人惊讶的是，这个数字不仅是一个常数，与涡流的大小无关 [这是"局域"雷诺数（Reynolds number）VD/v，它代表着转变，即涡流的诞生]，[21] 而且这个常数对于所有"活着"和正在"死亡"的涡流来说，都有相同大小的数量级，这个数字——一生中的滚动次数——大约是 100 左右。

这种移动质量的物体的心跳次数和呼吸次数是定值的特征，将动物、涡流和滚动石头的演化现象联系在一起。生命是运动，不论是在时间中还是在空间中：从出生到死亡，以及从出生地到生命旅程的尽头，这个尽头又成为一个新的移动物体的出生地。蜣螂的后代从粪球中生长出来，说明了驱动运动的连续性（图 10.4）。这个概念可回溯到古埃及时期，之后也在东方与西方的宗教中出现。

所有的东西都在运动——巨大而复杂的生物圈、大气层、水圈和岩石圈都伴随着组织结构和演化而运动。本书讨论的所有生命的例子，包括生物和非生物的流动，都是一种整体的流动，与无数其死亡过程中诞生的后代交织在一起。

注释

[1] S. Vogel, *Life's Devices* (NJ: Princeton University Press, 1988); K. Schmidt-Nielsen, Scaling (Why Is Animal Size So Important?) (Cambridge, UK: Cambridge University Press, 1984), 112.

[2] A. Bejan, "Why the Bigger Live Longer and Travel: Animals, Vehicles, Rivers and the Winds," *Nature Scientific Reports* 2: 594 (2012): DOI: 10.1038/srep00594.

[3] A. Bejan, *Shape and Structure, from Engineering to Nature* (Cambridge, UK: Cambridge University Press, 2000); A. Bejan, *Advanced Engineering Thermodynamics* (New York: Wiley, 1997); A. Bejan, "The Tree of Convective Streams: Its Thermal Insulation Function and the Predicted 3/4-Power Relation between Body Heat Loss and Body Size," *International Journal of Heat and Mass Transfer* 44 (2001): 699–704.

[4] See also H. Hoppeler and E. R. Weibel, "Scaling Functions to Body Size:Theories and Facts," *Journal of Experimental Biology* (special issue) 208 (2005): 1573–1769.

[5] 来源文献同上。

[6] Bejan, *Shape and Structure, from Engineering to Nature.*

[7] A. Bejan, "The Tree of Convective Streams: Its Thermal Insulation Function and the Predicted 3/4-power Relation between Body Heat Loss and Body Size," *International Journal of Heat and Mass Transfer* 44 (2001): 699–704.

[8] Bejan, *Shape and Structure, from Engineering to Nature.*

[9] T. Basak, "The Law of Life: The Bridge between Physics and Biology," *Physics of Life Reviews* 8 (2011): 249–252.

[10] A. Bejan, *Convection Heat Transfer*, 4th ed. (Hoboken: Wiley, 2013), ch. 7–9.

[11] A. Bejan, S. Ziaei and S. Lorente, "Evolution: Why All Plumes and Jets Evolve to Round Cross Sections," *Nature Scientific Reports* 4 (2014): 4730, DOI:

10.1038/srep04730.

[12] Bejan, *Shape and Structure, from Engineering to Nature; Bejan, Advanced Engineering Thermodynamics.*

[13] Bejan, "Why the Bigger Live Longer and Travel."

[14] A. Bejan, S. Lorente, B. S. Yilbas and A. S. Sahin, "The Effect of Size on Efficiency: Power Plants and Vascular Designs," *International Journal of Heat and Mass Transfer* 54 (2011): 1475–1481.

[15] Hoppeler and Weibel, "Scaling Functions to Body Size."

[16] A. Bejan and J. H. Marden, "Unifying Constructal Theory for Scale Effects in Running, Swimming and Flying," *Journal of Experimental* Biology 209 (2006): 238–248.

[17] Vogel, Life's Devices; Schmidt-Nielsen, *Scaling (Why Is Animal Size So Important?).*

[18] A. Bejan, "Rolling Stones and Turbulent Eddies: Why the Bigger Live Longer and Travel Farther," *Nature Scientific Reports* 6:21445 (2016): DOI: 10.1038/srep21445.

[19] A. Bejan, "The Constructal-Law Origin of the Wheel, Size, and Skeleton in Animal Design," *American Journal of Physics* 78 (2010), 692–699.

[20] I. Eames, "Disappearing Bodies and Ghost Vortices," *Philosophical Transactions of the Royal Society* 366 (2008): 2219–2232.

[21] Bejan, *Convection Heat Transfer.*

Chapter 11

生命与演化
的物理学

Life and Evolution as Physics

生命若没有对环境造成任何影响，
那就与没有生命活动过一样。

在本书的最后一章，我将简要地回顾知识和演化的物理意义，以及为什么这些概念与人类活动对人类生活具有深刻意义。物理学定律是对自然界中发生的现象进行概括的简明陈述。现象是一种事实、情况或是经验，对人类的感官来说是显而易见并且可被描述的。演化构造（设计）的现象为每一个流动、演化、传播和收集的东西提供了便利：河流流域、大气环流和洋流、动物的生命、迁徙、意味着人类与机器演化的技术、财富，以及包含人类生命的其他一切。

文字是有意义的，特别是在科学领域。其中一个有意义的名词就是"优化"（optimization）。但不幸的是，这个名词的意思已经逐渐模糊了。

为什么会这样？为什么我们需要关心这件事呢？

第一点，**"优化"是人类的本能**，当我们回顾优化的意义后，能体会到优化是一种自然的能力。每个运动的物体都在优化，无论是有生命的还是无生命的。每条河流都会改变它的流动路线和河床，让自己更容易流动。每个动物族群都会改变迁徙路线，来方便自己活动，这就是它们的生命。每一个受伤的组织都会自行愈合，以维持整体的生命，保持整个身体的运动。

第二点，**"优化"是一种改变**，也是在不同选项之间抉择的活动。选择（opt）就是做出决定，这是一个来自拉丁语的动词。为了能够"选择"，我们必须自由地更改现有组织结构，并从更改后出现的其他组织结构中进行选择。优化并不是对组织结构求导，并将导数设为0——这是数学分析中求极值（满足一定连续性条件的函数的最大值或最小值）的方式。优化也不是一拳击倒对手的拳击比赛，而是一场持续不断的战斗，因为在改变之后找到更好的选择才是有益的，也就是"好"。优化是如此有益且自然，甚至会令人上瘾。这种成瘾就是演化本身，它揭示了我们的本性。

第三点，**人类的自然渴望定义了所谓的"好"的含义**。在每一次改变后，"好"是我们选择新的组织（设计）的特征。"好"和组织（设计）都属于科学范畴的概念，就像"建构定律"一样，被稳固地放置在物理学中。

以上三个答案值得仔细思考，因为科学（就像其他的老故事）已经经历了长时间的成长，并且越趋复杂，以至于许多年轻人并不了解其中一些话的意思。"最佳"（optimum）这个词就是一个很好的例子，因为它被理解为"最好"。在现实中，最佳条件只是从改变之后可用的少数选项中，选择一个比较好的。**"最好"存在的时间是很短暂的：今天觉得很珍贵，明天就可能微不足道。**

有了自由，就会产生新的改变，会出现更多的选择，旧的"最好"会消亡，而未来的"最好"将诞生。我们从每四年一届的奥运会中就会明白这个道理，这个道理是所有演化的本质。如果你有所怀疑，只要倒过来想，就会得到许多荒谬的结论。如果那些很久以前被称为"最好"的选择，采用之后再无改变，那如今的科学会变成怎么样呢？那会是一门毫无意义且无用的科学，没有目的也没有未来。这与我们所熟知的科学相反——科学吸引着我们、激发着我们并赋予我们力量。

演化设计的现象是自然的、普遍的，而且深刻有用，并始终是科学的主题曲，它始于几何学和力学，关乎设计（图案、结构）和它们的原理，以及根据这些设计和原理创造出的物品。科学一直都是人类想要对观察到的事物合理化的渴望：我们尝试将数量庞大的观察结果，极为简洁地储存为"现象"，之后再将每个现象总结为更简洁的"定律"。**随着科学的发展，我们可以看到更远的未来，并有更强的信心能够更精准地预测未来。**

演化是一种随着时间不断修正的设计，这些变化发生的过程依赖于自然机制，但自然机制不应与定律混淆。在生物设计的演化过程中，自然机制是突变和生物选择；在地球物理设计中，自然机制是水土流失、岩石动力学、水 - 植被相互作用和风阻；在体育演化中，自然机制是训练、招募、指导、选拔和奖励；在科技演化中，自然机制是自由、质疑、创新、教育、移民、贸易、情报间谍和剽窃。

在物理学中，什么样的东西流经演化设计并不重要，重要的是流动系统如何产生自己的组织结构。物理原理是关于"怎么样"，自然机制是关于"什么"，而且它们与流动系统本身一样都是多样化的。"什么"有很多，但是"怎么样"只有一个。

例如"建构定律"只有一个，而建构性的理论和许多借助定律思考（理解、解释）的现象一样多。这种一个定律和许多理论的阶层结构，在科学中比比皆是，力学就是这样一个例子。动力学定律只有一个（$F=ma$），但比萨斜塔顶部下落石头的理论，不会和流体力学边界层理论相混淆，两者都是力学的理论，但是动力学的物理定律只有一个。

"科学的真正和唯一目标是揭露统一，而不是各种自然机制。"

——亨利·庞加莱（Henri Poincare）

"任何一个知识体系理论研究的主要对象之一，都是发现这门学科最简单的描述观点。"

——约西亚·乌伊拉德·吉布斯（Josiah Willard Gibbs）[1]

对环境产生影响的过程就是流动组织的形成与演化。"流动"意味着推开周围环境，自然界中的任何部分都不会抵抗试图穿过它的流动和运动。运动意味着渗透，这个现象的名称会因为观察角度而有所不同。对河流流域的观察者来说，这种现象是树状血管系统的出现和演化；对地表的观察者来说，这种现象是侵蚀、环境影响和地壳重塑。

这种把演化设计和环境影响视为同一种物理现象的想法是具有普遍性的。想想动物那些如河流般的迁徙路径，以及在地底下挖掘的地道；想想大象的迁徙和树木的倒伏。社会动态的血管模式与对环境的影响密切相关。如果没有对环境造成任何影响，那就与没有生命活动过一样。

动物和人类的运动是一种"被引导"的运动，是具有设计、远见和认知的运动，即高效、经济、安全、快速、有前瞻性，以及有目的性地直行。这种动物和人类运动的物理学，与随机的布朗运动完全相反。根据物理学原理，动物一直沿着明确无误的时间方向在空间中演化：从海洋到陆地，后来又从陆地到空中。根据物理学定律，动物一直沿着明确无误的时间方向在空间中繁衍：从海洋到陆地，然后从陆地到天空。[1] 人类和机器物种的运动和传播的演化也

---

1 编者注：美国物理化学家、数学物理学家。

是同样的方向：从河流和海岸附近的小船与船桨，到陆上的轮子和交通工具，再到近代的飞机。

同一部"电影"（因为组织的发生和演化就像是图像的时间序列）显示，速度会随着时间一直持续地增加。跑步运动员应该比游泳运动员的速度更快，而飞行者会比跑步运动员的速度更快。这部"电影"与无生命的质量流动的演化是一样的：在持续降雨中，所有的河道都在持续变化，流动会更加容易。

降水和蒸发不均匀地分布在地球上，也是自然界中水循环的另一种说法。在陆地上，降雨量大于蒸发速度；而在海洋上，蒸发量超过了降雨量。所以我们可以注意到多出的水会以河流的方式流动，从陆地流入海洋，而不会反向流动。地球表面的湿度不均造成了不均匀的降水和蒸发，同样的风吹过陆地和海洋，而地表比海洋表面更干燥。简单来说，蒸发速度与水蒸气浓度的差异成正比，也就是地表（陆地与海洋）与高空气流的水蒸气浓度差异。

大自然依循"建构定律"的趋势在地球上的水循环演化中得到了充分的体现。在海洋上，风吹皱了水面（使表面变得粗糙），增强了传输任何东西（动量、水分）的能力。最有效的粗糙面由垂直于风向的波组成。在陆地上，植被和动物的运动会携带着最终流入风中的水，而这些水的体积比没有植被和动物运动的地表更大。

这些传播和聚集的流动占据了符合演化设计的物理学 S 形曲线的区域和体积。[2] 演化是大自然的速度主宰者，在政治、历史、社会学、动物速度和河流速度中观察到的变化，都没有发生失去控制的情况，甚至令人担忧的人口统计、经济和城市化的扩张，也没有到无法控制的地步。

我们认为演化意味着"走向最小阻力的模式"，充其量只是一种隐喻，文字的意义应该要被质疑、被学习并被尊重。当你一个人完全自由地走在海滩上时，"抵抗（resistance）"一词有什么意思？在亚特兰大机场，什么时候搭乘摆渡车可以让你更快地到达登机口？什么时候寻找往返亚特兰大和香港的便宜机票？什么时候动物幸运地找到了食物而我们找到石油？什么时候雪花会长成菊轮（daisy wheel）形状呢？是什么"力量"驱动着这些流动去克服存在的阻力？此外，任何设计的"最少化（或是最大值、最小值和其他最值）"是什么呢？谁能知道拥有一个更好设计的动力是否已经结束了呢？

在物理学中，电阻（电压除以电流）是电学中的概念，随后被应用到流体力学（压强差除以质量流速）和热传导（温差除以热流）中。在行人和动物运动中，流动是很明显的：流动率是单位时间通过面积（垂直于流动方向的平面）的总质量。不像物理学那样明显的生命和演化是驱动行人流动的"差异"（如电压、压强和温度），这种差异是本书中讨论"建构定律"的众多表现形式（"渴望"）。

当我在1995年提出"建构定律"时，正面对这些问题，[3]这就是为什么我有意地（倾向）利用普遍适用的物理描述总结演化设计的现象，却没有使用如"阻力"或"静态终点设计"（优化、最小值和最大值）之类的文字。然而在我们变化和演化的过程中会依循许多想法，像更大的通行路径、更大的自由、随着流动运动、更短的路径、更少的阻力、更多的抵抗（孤立状态）、更长的寿命以及更多的财富。这些想法指引着我们，就像我们与生俱来的渴望，想要拥有舒适、美丽和快乐。

物理学原理赋予我们的大脑力量，可以快速地推进人类与机器物种的演化。事实上，这就是人类大脑利用物理定律所做的事——使用物理定律去预测未来现象的特征。依靠物理定律预知未来也是一种渴望的表现，因为所有动物的设计都是趋向越来越容易地运动，也包括认知现象——对更聪明、更容易理解并更快速地记忆的一种渴望，让动物能够持续行走、生存并远离危险。因此，依靠物理定律的演化来加快设计的改变就是有用的。

"建构定律"结合了物理学和生物学，简化和澄清了一些正在使用的专有术语，并且证实了在地球物理学、经济学、技术、教育和科学、书籍和图书馆等许多其他领域使用的受到生物学启发的专有术语是合理的。这种整合的力量很有用，但也有潜在的争议，因为它违背了现今的学术教条。

例如，"建构定律"将所有"几个大的和许多小的"的设计结构统一起来，将其视为一个整体的流动结构，其中重要的是流动会不断改进。在所有这样的流动结构中，几个"大的"与许多"小的"一起流动，它们会合作、调整，然后再合作，以达到更好的整体流动，这对其中的每一个子系统都会更好。这种演化现象的整体观点，代表了两个新的步骤。

第一个步骤："更好的"概念是物理学中定义的，伴随着方向、时间之箭、组织结构（设计）以及演化的概念。在生物学中，这个步骤属于随机事件和突变的概念（突变意味着"改变"，从这个运动到那个，从这里运动到那里），它的机制类似于河床侵蚀、周期性的食物短缺、瘟疫、科学发现等等，这一切让一连串的改变成为可能，也就是我们熟知的演化。这个步骤将自然选择、改变和适应的自由

以及生存的生物学术语放到物理学的架构中，认为更好的设计处处
皆是且时时出现。

　　第二个步骤：设计和演化的"建构主义"观点，与那些入侵了
科学领域，并带有负面声音的生物学名词背道而驰，例如赢家和输
家、零和博弈 [1]、竞争、阶级、食物链和成长极限，这些不应出现在
物理学中。在"少数大的，多数小的"的图像中，一切都共同流动、
合作和演化。少数大的不会也不能消除多数小的，它们的平衡多尺
度的设计会越来越好，让系统趋于完善，以改善整个流动的系统。
这很明显与演化生物学的标准诠释相冲突，但生物学中好的观点，
在地球物理学、技术、城市化以及所有具有演化组织的科学领域中
都有益。

　　举一个我最近去卡拉哈里沙漠旅行的例子：在沙漠干燥平坦的
地表上，每 50 米左右就有白蚁土丘，而沙漠中的少数树木（多刺高
灌丛）几乎都生长在这些土丘上，每个土丘上大约生长有 3 至 4 棵
树，这就是所谓的"苗圃系统"（nursery system）。这些土丘中生存
着白蚁，它们的地道向四面八方延伸（就像树根一样），远远超出
土丘的底部。非洲食蚁兽（aardvarks）会在土丘上挖掘并寻找食物，
使得白蚁只能再次挖掘地道。这种三足鼎立的共生关系（蚂蚁、树
木、非洲食蚁兽），促生了第四种因土丘结构而兴盛的"动物"：大
自然中的水循环，且第四种"动物"的规模是最大的。

---

1 编者注：零和博弈又称零和游戏，源于博弈论（game theory）。是指一项游戏
　中，游戏者有输有赢，一方所赢正是另一方所输，因而双方都想尽一切办法
　以实现"损人利己"，而游戏的总成绩就永远为零。

　　白蚁的洞穴很深，里面有四通八达的通道，深到蚂蚁可以从地下水位取水。土丘比周围的沙土更为湿润，而蚂蚁、树木和非洲食蚁兽的活动也增强了水的流动。总而言之，这至少是一个四种"生物"的共生系统。当然，非洲食蚁兽也会被食肉动物捕杀，这就是为什么它们总是非常害羞。

　　这四种"生物"都能够做出更容易生存的选择（或者说"优化"），这就像是物理运动中如何更容易地流动。没有水的流动，前三种生物（蚂蚁、树木、非洲食蚁兽）就会死亡；而没有前三种生物，水流就会在这片土丘中消亡，流向另一片土丘，造就另一片"苗圃系统"。所有这一切都会无意识地、自然地发生，因为倾向自由变化的流动结构是物理学中普遍存在的。

　　间歇和重建增加了地球上有限范围混合的平均时间。蚂蚁土丘在兴起之后就是崩毁，这样的循环会一直重复。国家与和平的覆灭，野蛮人与战争的入侵，然后国家与和平再次出现，重建的循环就这样不断重复下去。节奏（重建）是演化设计的一个共同特征，无论是在有生命还是无生命的领域，例如吸气和呼气、排泄、紊乱的涡流撞击墙面，以及地球科学中的充电与放电现象（闪电、野火）。

　　演化的物理定律是有预测性的，而不只是描述性的，这是"建构定律"与其他演化观点之间的巨大差异。以往解释自然界的组织结构都是基于经验主义：先观察，然后再进行解释。这是一种向后看的、静态的、描述性的解释方式，并不是一种可以预测的理论，尽管有些人会误以为是"理论"，像复杂理论、网络理论、混沌理论、幂次法则（异常尺度规则）、"一般模型"以及优化叙述（最小值、最大值和最佳）等。模型是经验主义下的产物，而不是理论。

　　根据演化的物理定律，复杂性和尺度法是被发现的，而不是观察得到的。复杂性是有限的（普通的、容易描述的），它是有限大小的组织结构的一个组成部分。如果流动是介于点和区域或体积之间，那么我们所发现的"建构设计"会是树状网络。这种"网络"是被发现的，而不是通过观察、假设、比较或分类得到的。网络、尺度法则和复杂性共同构成了世界组织与演化的现象，而这些都在物理定律的预测下一一浮现。

　　建构性"理论"与建构性"定律"是不一样的。理论是一种想法，即物理定律对特定现象的预测是正确和可信赖的。对于雪片的组织结构，它的理论是快速凝固的"建构理论"。对于肺的组织结构以及吸气和呼气的节奏，它的理论是呼吸的"建构理论"。定律只有一个，但理论会有很多个——就和现象一样多，而科学家们希望通过定律来预测这些现象。

　　有人会说，这种关于演化设计的观点太过乐观。当然如此，毕竟乐观主义与有目的性地选择是密切相关的。在人类的世界中意味着我们要做出一致性的选择，以便未来能拥有更美好的生活。希望维持生命，绝望则会致命，你想要哪一个？如果不是通过想象如何让事物变得更好来思考未来，我们还有什么办法呢？人类本质的这一特点已经在我们身上打下了深深的烙印，并令人信服地在人类语言大量出现的正面积极言辞中得到了证实。[4] 这种积极的偏见与言辞的使用频率无关。这就是为什么我们经常记住好的，而不是坏的，也是为什么我们会美化一个老故事的原因，这样经过足够长的时间，老故事就会变成一个美好的故事。

　　"生命"是物理学的所有现象，是一个非常活跃的科学领域，这个领域一直要求有属于自己的物理定律。要发现这一点，只要看看每期的《自然》《科学》《科学报告》和《生命物理学评论》中出现的文章标题就好。说到底，这些争论是关于"生命"作为一种物理学，以及生命是万物且无处不在，而不是在达尔文时代或是更早时期的宗教中探讨的生命。虽然在我创作的所有书籍中，决定不评论其他人的工作［我做了这个决定，是因为我主张的"组织演化无所不在"的物理观点十分独特，加上从我的麻省理工学院力学教授那里学到的难忘教诲：'根据记录，当桑丘（Sancho Panza）看到他有头有脸的主人攻击风车时，他在胡须中嘀咕着说了一些关于相对运动和牛顿第三运动定律的东西。桑丘是正确的：风车撞到他的主人和他的主人撞到风车的力道是完全相同的。'[5]］，但在以下段落，我会破例举出一些目前争议的焦点。

加普尔和斯科尔斯（Jumper and Scholes）[6] 的评论提到，虽然牛顿力学已成功且广泛被运用于许多系统，但当人们尝试将这个建立在无生命物质基础上的物理定律应用于生物系统时，生命的奥秘就迅速地突显出来。以我的观点来说，还有比牛顿力学更靠近近代的物理定律，比如热力学第一定律和第二定律，以及现在我们提到的"建构定律"。比起牛顿力学和热力学理论，"建构定律"能更好地解释生物系统（参见图 11.1）。[7] 当以物理学观点整合生命与演化的现象，而不是某些特殊的思维单元（生物学、社会学、技术、经济学、法律）时，思考生物系统的方式就与其他科学领域一样明确了。

热力学具有巨大的力量——它最大的普遍性——它的定律可以运用在任何想象的系统上，脉络、宇宙、无序以及熵都不是热力学适用于任何系统的主要原因。热力学中的专有术语（开放的、封闭的、

孤立的、绝热的、不做功的）都是精确且明确的，因为只有这样才
可以区分各种不同的实际系统，以及适用于每个实际系统之间的分
析。热力学说到底是一门学科，它有着精确的法则、语言及定律。
任何分析、任何讨论都必须从明确定义系统开始，并持续下去。擅
用他人名义或是通过在中途改变系统和使用的语言来赢得辩论，都
不是科学。

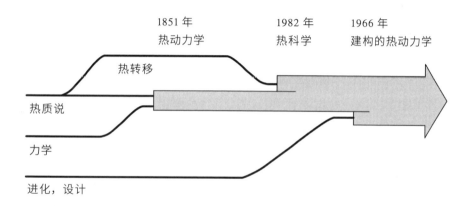

▲ 图11.1

在过去两个世纪，热力学的演化与传播。〔此图绘于 1982 年，A. Bejan and S. Lorente,
"Constructal Law of Design and Evolution: Physics, Biology, Technology and Society," Journal
of Applied Physics 113 (2013): 151301; A. Bejan, Entropy Generation through Heat and Fluid
Flow (New York: Wiley, 1982): viii. Copyright 2016 by Adrian Bejan〕

　　舒斯特（Schuster）[8] 提出一个疑问：达尔文原理的普遍性有多
强？他观察到，具有竞争性的计算机程序同生物学之外的许多其他
"事物"一样，都遵循着自然选择的法则。他的观察是正确的，而且
他的文章也说明了，目前人类的知识已经超越了达尔文时期。首先，

这些"事物"是一种流动系统，例如肺和河流，可以自由地变形以维持生命。其次，在达尔文原理中，唯一重要的性质是未来后代的数量。这样的原理并不算是一个原理了，因为河流和飞机模型就像是语言的规则和科学的定律，没有 DNA 遗传和后代这些基于数量上的优势。

数量上的优势？怎么会这么想。科学不是一种民主！所有的想法不都是同等重要。

"在科学的问题上，一千人的权威比不上一个人谦卑的推理。"

——伽利略

自然是由"少数大的与许多小的"组成的，你可以在各处看到。阶层结构是自然流动的组织结构，少数的和多数的事物都在地球上和谐运行。它们不仅共同生存，还能够茁壮成长。舒斯特正确描述了生命的物理现象："**演化驱动自然界的系统，使无与伦比的优化与适应能力成为可能。**"

迪姆（Deem）[9] 观察到"**生命为了演化而演化**"是完全正确的，因为这符合时间的流向。演化会引导出更好的演化，这与"建构定律"是一致的。在"建构定律"中，所有自由变化的系统流动和组织都会引导出更好的流动。在评论夏皮罗（Shapiro）时，[10] 迪姆指出，读写遗传信息的功能正在与时俱进，功能组件的组合会比随机、无偏见的搜索更好。他的理论也符合动物和车辆的"建构结构"，一些不完美的器官或零件的构造会持续地演化。

当霍顿等人（Holden et al.）[11] 得到的结论是"改变是一种时间"

时，就提到了物理学。演化是随着时间推移的设计改变，而且发生的变化是流动的组织结构，是在地球表面的运动。这也是"建构定律"中阐述的时间方向 [12]。霍顿等人继续阐述了时间是如何改变生物、社会、财富和经济交流，以及开放的（流动）系统的。

而弗兰克（Frank-Kamenetskii）[13] 提出了一个疑问，生物学中是否存在任何定律呢？在这里，他指的是一种具有普遍性的定律，即类似于物理学的定律。当然，生物学上也有这样的定律，也就是力学和热力学的定律，质量守恒以及"建构定律"，每个生物实体都遵循这些定律。他观察到生物的科学已经演进，所以我们不再需要忠实地依靠经验法则。他补充说，在生物学中，曾经被认为是不可动摇但如今已经失去普遍性的"基础"定律（"fundamental"laws）的清单可是非常长的。

目前，整个争论的全貌已经被完全展现在苏珊·马祖尔（Suzan Mazur）的书中。[14] 尽管访问数十位科学家的创作形式 [15] 有些类似于"马戏团"，但这种形式很清楚地显示了，曾经不容质疑的、有关生命和演化的既有教条，直到最近才有所松动。这本书中记录了受访者的宝贵意见，我在此无特定顺序地复述其中一些理论：

"正在兴起的新想法是，即使科学家坚持使用基因密码来让他们内心更为舒坦，但生命并不是以基因为中心的，更多包含的是关联性与系统性。"

——苏珊·马祖尔（Susan Mazur）

"生命起源的第一步是找寻动力，克服能量需求的挑战。"

——艾伯特·布兰斯科姆（Elbert Branscomb）

"生命是代数与几何的混合体……因为生命是一种物理学。"

——阿尔伯特·利布沙贝（Albert Libchaber）

"演化就是生物学的本质。演化是一种动态的结构，我们必须了解这种动态结构遵循的规则。"

——卡尔·乌斯（Carl Woese）

"科学必须可以自由地检验它所看到的东西。"

——卡尔·乌斯（Carl Woese）

总而言之，马祖尔书中的假设是，生命和演化都是一种自然现象，需要寻求属于它们自己的物理学定律。

科学的结构板块正在发生变化，例如社会组织中的科学论文正在从静态形式（结构、连接、节点）转变成动态形式（运动、交易、流程、演化）。有意思的是，我们对于社会组织动态现象的理解，已经超越了表达这些新想法所需的术语的发展速度。我们越来越多地听到网络及网络的理论，实际上，网络是由"细线"组成的，除了"细线"本身的张力，没有东西会在线流动。此外，捕鱼的网（这是"计算机网络"一词的起源）并不是一直在改变，它是静态的。我们也听说过人际网络和互联网，事实上，蜘蛛网也是静态的，其实也没有出现流动，就像渔夫的捕鱼网和面包师傅所戴的发网一样。

　　网络和网状组织都是静态的，就像两根钉子之间绑着的绳子一样。它们是描述性的，而不是预测性的，即使是在连接和定义人类生活的动态流动组织的结构中使用也是如此。它们每天都会变化和进步（演化），并演化出宏大的设计——全球化和可持续性。网络是描述性的，而不是预测性的，它如同分形[1]，本身并不是一个理论。这就是需要引入"建构定律"的原因，它支撑着动态流动组织的自然发生和演化，强调了演化的时间方向，并且预测了未来的组织结构和它们的性能。

　　对使用物理学来合理解释生命现象的方式，维察尼（Witzany）和我们的团队也有些评论。[16] 维察尼从薛定谔的概念出发，即"**生命是物理学和化学**"，并且注意到曼弗雷德·艾根（Manfred Eigen）最近扩展这个概念为"**生命是物理学、化学和信息**"。在沿着这个概念扩展的方向上，维察尼认为"通信"（communication）更适合加入薛定谔提出的概念中，而不是"信息"（information），因此他提出了"**生命是物理学、化学和通信**"。从"建构定律"的观点来看，想要让生命的概念更具包容性的人，在深思过后自然而然会联系物理学。为什么呢？因为通信只是一种物理演化的流动设计，随着时间的推进与其他不断演化的流动组织一起变化，并且使自身更加容易地流动。化学也参与了设计的演化，物质（反应或不反应）流动时可以自由地变化，让未来的流动更加顺畅。

　　物理学是最能容纳所有生命现象的大本营，包括有生命、无生命以及整个社会。这就是为什么生命是物理学，[17] 为什么"建构定

---

1 译者注：分形，即由一定的小的几何图形，组合成更大更复杂的图形。

律"是生命和演化的物理定律[18]，以及为什么物理学比先前所认为的更广泛、更有力的原因。

从过去的文献数据中我们可以发现，生命和演化作为一种"物理学"的想法就来自于 1996 年提出的"建构定律"。这是一段用英文写下的叙述，用物理术语详细说明了流动组织的时间演化方向。这段叙述与在 1851–1852 年提出的第二定律有着相同的形式，是一个关于方向（单向、不可逆转）的叙述——不是方程式，也不是关于熵。

一个想法的自然产生首先是一种出现在大脑中的纯粹图像，然后变成一段叙述，后来才会成为一个数学公式。科学史证实，当一个想法变得更简洁、更容易教授并更便于记忆时，就会吸引越来越多的新读者。当然，一开始只不过是诞生了一个想法而已。这种方式总是这样不断发生着：

· 从几何学中的文字陈述（证明）到代数，直到现在的微积分。

· 从伽利略到牛顿的动力学公式 $F=ma$，直到分析力学中的拉格朗日（Lagrange）方程。

· 从第二定律中单向流动的文字叙述〔克劳修斯（Clausius）；克耳文 - 普朗克（Kelvin-Planck）〕，到克劳修斯的熵（S）的数学形式，直到现在更多种"熵"的使用。

· 从第三定律中的文字叙述说明绝对零度在有限数量的操作上是无法达到的，直到普朗克的数学表达式：在 $T=0$ 时，$S=0$（在温度等于 0 时，熵等于 0）。

· 从经济的文字叙述到经济学中的数学形式〔萨缪森（Samuelson）〕。

1996 年，在我提出的"建构定律"的叙述中，我使用"有限尺度"这个专有术语来说明流动组织和演化的现象，即流动渠道在不移动或与渠道内流动不同的背景下自由变化。有限尺度的流动系统呈现出对比，而河道、渠道或是合并的实体位于流动系统内。相反种类的系统、看不见的极小系统〔一个或两个粒子、亚粒子（subparticles）等〕，不会展现出渠道、对比或是演化的组织。从 20 世纪迈向 21 世纪，物理学都是朝"无穷小"的分析方向发展。但"建构定律"带来的震撼，会让我们试着从"有限尺度"去分析，这与主流恰好相反。

如今，无论是发表文章还是举办会议，都有许多人使用"建构定律"。第九届"建构定律"大会刚刚在意大利的帕尔马（Parma）举行，众多参会者都在期刊文章、书籍、博客与维基百科中对"建构定律"的领域做出评论和贡献。我阅读了这些内容，并且从这里就能了解科学本身是如何演化成一个连接我们的流动组织，并帮助我们——无论是个体还是群体——在我们的地理和历史中流动。

在 1996 年之后的 20 年，我不会去改变"建构定律"，除了在其中加入一个词——"自由"。很明显，没有自由就不会有改变，当然也就没有演化。如今，我会以这样的方式来表达"建构定律"：**"流动系统如果要随着时间持续存在（活着），它必须可以自由地演化，并让流动更加顺畅无阻。"**

"建构定律"本身不是一段宗教经典，它有义务去演化，帮助我们的思维变得更清晰。尼尔斯·波尔（Niels Bohr）说："**认为物理学的任务是要了解自然本身是错误的想法。物理学关注的是我们如何表述自然。**"创造力同样需要为那些想象出新的结构、建立新的物理学定律的人所用。

最近我看到一种趋势，就是将"生命是物理学"的想法以一种更数学的语言、更"科学"的方式表达出米。[19] 所有这一切对于生命和进化属于物理学范畴的新范式来说都是好消息。当这个想法被更成熟地公式化后，其背后的物理定律就会更强化，即"建构定律"。我想起了 2000 年，当我在写克劳修斯的颂词时，我欢迎建构概念中的各种形式与目的，或者说是意图：[20]

我们可以清楚看到，当代人们很难理解"目的性"的概念（或是意图、功能、设计、优化），即使他们在思考或是日常生活中常常依赖这样的概念。

但是我相信，我们不应该因为这些困难而失望；恰恰相反的是，我们必须坚定地看待这一理论。[21]

我引用了鲁道夫·克劳修斯的话，因为我们今天面临的情况与他当时非常相似。为了可以描述耦合（coupled）[1] 的热力学行为，他必须制定出第二个原理，即除了能量守恒定律之外的热力学第二定律。他的这个新原理引进了"熵"的概念，这对当时的科学而言完全陌生。如今的新原理是几何形式的"建构原理"，而且这个新概念具备一种目的性或意图性（purpose）。

最后还有一个趋势，就是将演化现象以更具体、更容易理解的

---

1 编者注：耦合是指两个或两个以上的电路元件或电网络的输入与输出之间存在紧密配合与相互影响，并通过相互作用从一侧向另一侧传输能量的现象。

方式表达出来，这种方式被称为"最大熵值的产生"。无论在自然界的任何地方，无论是有生命还是无生命的，我们都没有观察到最大值的产生（即设计的结束或是终点），我们也没有考虑过，如今我们使用过多不同的熵的定义，这些"熵"已经变成一种不和谐的杂音，就像巴比伦塔（a Tower of Babel）一样。事实上，演化设计的倾向在自然中四处可见，而且并没有产生最大熵值，这样的例子也到处都是。

　　帆船结构的演化就像是海洋波浪的形状，以及平顶冰山的耸立方向：都是垂直于风的方向，以便更好地借助风力（参见图11.2）。或者想象热力学系统是一种交通工具（或是一只动物），通过稳定地消耗燃料（或食物）来驱动。这是一个开放的热力学系统（流入燃

时间 ⟶

▲ 图11.2

随着时间推移，一个稳定的流动系统组织会被一个可以产生更多动力（以及更多运动）的新组织所取代，不过新组织与旧组织的燃料消耗速度相同。流动组织的演化从不会结束。〔图片来自：Petit Dictionnaire Francais,（*Paris: Librairie Larousse, 1956), 48 and 62*). Copyright 2016 by Adrian Bejan〕

料和空气，排出废气），在我们生命的时间范围内可以被模拟为稳定的流动状态，"稳定状态"意味着系统中固定的熵值产生速度以及固定的熵值存量。我们可以立刻看到，任何东西的最大值（例如，熵值的产生速度）并不存在于系统的物理学中的任何一部分，因为系统是在稳定状态下运行的。

演化确实发生了，只不过需要更长的时间尺度。在系统的内部，车辆的组织结构（尺寸、形状、结构）会被更新的设计取代，引擎可以在相同的燃料消耗速度下，产生更多的动力。这意味着在这个演化改变得更广泛的时间尺度上，系统的熵值产生速度是在下降，而不是上升，这与所谓的最大熵值的产生是一个物理原理的说法相互矛盾。如果系统正朝着更大熵值产生的方向演化，卡车和动物最终将会停止和死亡，因为沿着这个方向前进，它们运动的力量终会消失。

当受到修正主义的诱惑时，我们要好好地记住爱因斯坦的建议[22]：

"基础的想法在形成物理理论时发挥了至关重要的作用。物理书中充满了复杂的数学公式。但思想和想法并不是公式，而是每一个物理理论的开始。这些思想之后必须采取定量理论的数学形式，以便能够与实验进行比较。"

出人意料的是，在 2004 年，我们团队第一个将"建构定律"以一种数学的陈述、[23] 解析热力学的语言表达出来。因此，同年我们获得了美国机械工程师协会〔奥伯特奖（the Obert award）〕的热力学奖。

我们首先在工程学中发表新想法，而不是在物理学中，就像我在 1996 年发表的两篇论文，如同用一种"小众的"语言而不是用英文出版"独立宣言"一样。在思想传播的过程中，快速渠道的结构就是主要关键。[24] 在大渠道中，树木的原木可以被运送得很远。这就是为什么今时今日的每一个人，从骄傲的俄罗斯人到骄傲的法国人，都用英文发表文章。这也是为什么一些科学机构看见了"建构定律"数学化的可能性。

接下来，教育大众还需要科学哲学家、科学史学家、作家和具有远景的艺术家参与，让大众知道"生命与演化是一种物理学"的想法是什么，为什么它是有用的，以及它已经流动了多久，还有它的源头是什么。每当我引用一段古老的话语时，都会强调这一点。于是，为了促进这种特别的知识流动，我写下了这本书。

注释

[1] A. Bejan, "The Golden Ratio Predicted: Vision, Cognition and Locomotion as a Single Design in Nature," *The International Journal of Design and Nature and Ecodynamics* 42, no. 2 (2009): 97–104.

[2] A. Bejan and S. Lorente, "The Constructal Law Origin of the Logistics Scurve," *Journal of Applied Physics* 110 (2001): 024901; A. Bejan and S. Lorente, "The Physics of Spreading Ideas," *International Journal of Heat Mass Transfer* 55, no. 4 (2012): 802–807; E. Cetkin, S. Lorente and A. Bejan, "The Steepest S-Curve of Spreading and Collecting Flows: Discovering the Invading Tree, Not Assuming It," *Journal of Applied Physics* 111 (2012): 114903.

[3] A. Bejan, "Street Network Theory of Organization in Nature," *Journal of Advanced Transportation* 30, no. 2 (1996): 85–107; A. Bejan, "Constructal-Theory Network of Conducting Paths for Cooling a Heat Generating Volume, *International Journal of Heat Mass Transfer* 40, no. 4 (1997): 799–816; A. Bejan, *Advanced Engineering Thermodynamics*, 2nd ed. (New York: Wiley, 1997).

[4] P. S. Dodds et al., "Human Language Reveals a Universal Positivity Bias," *PNAS* 112, no. 8 (2015): 2389–2394.

[5] J. P. Den Hartog, *Mechanics* (New York: Dover, 1961), p. v.

[6] C. C. Jumper and G. D. Scholes, "Life—Warm, Wet and Noisy?" *Physics of Life Reviews* 11 (2014): 85–86.

[7] A. Bejan and S. Lorente, "Constructal Law of Design and Evolution: Physics, Biology, Technology, and Society," *Journal of Applied Physics* 113 (2013): 151301; A. Bejan, *Entropy Generation through Heat and Fluid Flow* (New York: Wiley, 1982), viii.

[8] P. Schuster, "How Universal Is Darwin's Principle?," *Physics of Life Reviews* 9 (2012): 460–461.

[9] M. W. Deem, "Evolution: Life Has Evolved to Evolve," *Physics of Life Reviews* 10 (2013): 333–335.

[10] J. A. Shapiro, "How Life Changes Itself: The Read-Write (RW) Genome," *Physics of Life Reviews* 10 (2013): 287–323.

[11] J. G. Holden, T. Ma and R. A. Serota, "Change Is Time," *Physics of Life Reviews* 10 (2013): 231–232.

[12] A. Bejan, "Maxwell's Demons Everywhere: Evolving Design as the Arrow of Time," *Nature Scientific Reports* 4, no. 4017 (Feb. 10, 2014): DOI: 10.1038/srep04017.

[13] M. D. Frank-Kamenetskii, "Are There Any Laws in Biology?," *Physics of Life Reviews* 10 (2013): 328–330.

[14] S. Mazur, *The Origin of Life Circus: A How to Make Life Extravaganza* (New York: Caswell, 2014, 2015).

[15] For example, Norm Packard, Jack Szostak, Stuart Kauffman, Markus Nordberg, Gunter von Kiedrowski, Steen Rasmussen, Jim Simons, Carl Woese, Elbert Branscomb, Pier Luigi Luisi, Jaron Lanier, Lynn Margulis, Albert Libchaber, Denis Noble, David Noble and James Shapiro.

[16] G. Witzany, "Life Is Physics and Chemistry and Communication," *Annals of the New York Academy of Sciences* 1341 (2014): 1–9, doi:10.1111/nyas.12570; A. Bejan and S. Lorente, "The Constructal Law and the Evolution of Design in Nature," *Physics of Life Reviews* 8 (2011): 209–240.

[17] Bejan and Lorente, "The Constructal Law and the Evolution of Design in Nature."

[18] T. Basak, "The Law of Life: The Bridge Between Physics and Biology," *Physics of Life Reviews* 8 (2011): 249–252.

[19] A. Pross and R. Pascal, "The Origin of Life: What We Know, What We Can Know and What We Will Never Know," *Open Biology* 3 (2013): 120190; G. Y. Georgiev, K. Henry, T. Bates, E. Gombos, A. Kasey, M. Daly, A. Vinod and H. Lee, "Mechanism of Organization Increase in Complex Systems," *Complexity* 25 (July 2014): DOI: 10.1002/cplx.21574; N. Wolchover, "A New Physics Theory of Life," *Quanta Magazine*, January 28, 2014; C. Marletto, "Constructor Theory of Life," Interface 12 (2015): 20141226.

[20] A. Bejan, *Shape and Structure, from Engineering to Nature* (Cambridge, UK: Cambridge University Press, 2000), xviii–xix.

[21] R. Clausius, "On the Moving Force of Heat, and the Laws Regarding the Nature of Heat Itself Which Are Deducible Therefrom," *Philosophy Magazine* 2, ser. 4 (1851): 1–20, 102–119.

[22] A. Einstein and L. Infeld, *The Evolution of Physics* (New York: Simon & Schuster, 1938), 291.

[23] A. Bejan and S. Lorente, "The Constructal Law and the Thermodynamics of Flow Systems with Configuration," *International Journal of Heat and Mass Transfer* 47 (2004): 3203–3214.

[24] Bejan and Lorente, "The Physics of Spreading Ideas."

$$\boxed{\begin{array}{c}\text{附 录}\\ \text{APPENDIX}\end{array}}$$

动物是有节奏地运动，以这种方式实现消耗两个有用能量之间的平衡：在垂直方向上提升重量，在横向行进时克服阻力。如果将动物模拟为一个具有长度尺度（L）的身体，那么质量就是 $M\sim\rho L^3$。在每个循环中，身体在垂直方向（W_1）和水平方向（W_2）上进行做功。垂直做功是必须的，是为了将身体提升到 L 的高度。

$W_1\sim MgL$　（1）

水平做功是必要的，是为了让身体能穿过周围的介质。

$W_2\sim F_{drag}L_x,\ F_{drag}\sim\rho_m V^2L^2C_D$　　　（2）

其中 F_{drag} 是牵引力，ρ_m 是介质的密度，L_x 是在一个循环中行进的距离。阻力系数 C_D 基本上是恒定的，并且它的值大约是 1。每行进一步花费的做功量是：

$$\frac{W_1+W_2}{L_x}\sim\frac{MgL}{L_x}+\rho_m V^2L^2　（3）$$

一个循环的时间尺度是从高度 L 自由落体所需的时间，即 $t\sim(L/g)^{1/2}$。循环中的水平行进路程是 $L_x\sim Vt$，方程式（3）变成了

$$\frac{W_1+W_2}{L_x} \sim Mg^{3/2}\frac{L^{1/2}}{V} + \rho_m L^2 V^2 \quad (4)$$

当 V 达到下面这个速度时，这个总和有最小值：

$$V \sim (\frac{\rho}{\rho_m})^{1/3} g^{1/2} \rho^{-1/6} M^{1/6} \quad (5)$$

方程式（5）在尺度的估算下是正确的，也就是数量级的估算。我们可以通过渐近线的交点直接求出解答，也就是让方程式（4）右侧的两项相等即可。也可以通过将方程式（4）的右侧对 V 进行微分，将得到的表达式设为等于 0，并忽略数量级约为 1 的因子，这与尺度分析的相符合。身体运动的频率是 $t^{-1} \sim (g/L)^{1/2}$，或是：

$$t^{-1} \sim g^{1/2} \rho^{1/6} M^{-1/6} \quad (6)$$

因此，身体力量是由垂直方向的做功决定的，$W_1 \sim FL$，这与向上运动结束时的势能相同，即 $FL=MgL$，因此，

$$F \sim Mg \quad (7)$$

通过将方程式（5）和 $L \sim (M/\rho)^{1/3}$ 代入到方程式（4），可得到每单位行驶距离的做功量为：

$$(\frac{W_1+W_2}{L_x})_{min} \sim (\frac{\rho_m}{\rho})^{1/3} Mg \quad (8)$$

修正的因子 $(\rho_m/\rho)^{1/3}$ 在滑动或滚动过程中，发挥了类似于摩擦系数 μ 的作用，其数值与介质有关。至于飞行，空气密度 ρ_m 大致等于 $\rho/10^3$，而且因子 $(\rho_m/\rho)^{1/3}$ 接近 1/10。至于游泳，介质密度（水）大约近似于身体密度，因此 $(\rho_m/\rho)^{1/3}$ 为 1。至于跑步，根据跑步地面和空气的阻力，$(\rho_m/\rho)^{1/3}$ 在 1/10 和 1 之间。穿越积雪、泥沙的跑步，$(\rho_m/\rho)^{1/3}$ 的值接近 1。在干燥的表面上快跑，其 $(\rho_m/\rho)^{1/3}$ 因子则与飞行相似。

综合上所述，$(\rho_m/\rho)^{1/3}$ 的数量级是1，在方程式（5）（6）和（8）中可被省略。重要的是 $(\rho_m/\rho)^{1/3}$ 因子可以区分出不同介质中的运动，并给出明确的趋势：

（a）如果 M 固定，速度（5）按照海→陆→空的方向增加。

（b）做功要求（8）在同样的方向上减少。

动物运动在地球上移动、扩张的历史同时指向相同的时间方向：时间序列（a）和（b）都符合"建构定律"。在 M 的范围（10^{-6}–10^3）千克（参见图 4.6）内包含的动物速度证实了周围介质对动物运动扩散的区别作用。

所有这些动物运动的设计发现都可以用身体长度来表示：

$$L \sim \left(\frac{M}{\rho}\right)^{1/3} \quad (9)$$

而不是身体质量 M，或体重 Mg。例如，在方程式（5）和（9）我们得到了：

$$V \sim \left(\frac{\rho}{\rho_m}\right)^{1/3}(gL)^{1/2} \quad (10)$$

较大的动物或运动员（M）意味其身高（L）较高，而较高的身体意味着更快的移动速度。因为游泳和跑步的主要因子 $(\rho_m/\rho)^{1/3}$ 的数量级是1，速度 – 高度的公式可简化成：

$$V \sim (gL)^{1/2} \quad (11)$$

这与伽利略·伽利雷（Galileo Galilei）的自由落体公式相同，物体落地速度与落下高度（L_b）的平方根成正比。石头从比萨斜塔下落时，其速度可比从我手中落下的石头快多了。方程式（11）也可以运用到尺度（高度）为 L 的水波运动上，较高的波浪移动得更快。比较一下茶杯内茶水的涟漪与汪洋中的海啸，哪一个移动得更快呢？

致谢

ACKNOWLEDGMENTS

我要感谢家人，玛丽、克里斯蒂娜、泰瑞莎和威廉，以及我的助理德博拉·法兹（Deborah Fraze）。如果没有他们，我不可能拥有我的写作生涯。

我非常感谢我的经纪人唐·菲尔（Don Fehr）以及我的编辑卡伦·沃尼（Karen Wolny），他能马上了解到原稿的内容（"生命是什么"），并且指导其演化的每一步。

我还要感谢我的同事，特别是SylvieLorente、Jose Lage、Shigeo Kimura、Heitor Reis、Antonio Miguel、LuizRocha、Houlei Zhang、Giulio Lorenzini、Cesare Biserni、MarceloErrera、Josua Meyer、W. K. Chow、ErdalCetkin、Stephen Perin、Ren Anderson、Yongsung Kim、Jaedal Lee 以及 Jocelyn Bonjour。我感谢我的学生 Shiva Ziaei、Mohammad Alalaimi 以及 Abdulrahman Almerbati 对我的帮助。

我也感谢美国国家科学基金会、空军基础科学研究中心和国家再生能源实验室，在过去的四年内给予的支持与资助。

图书在版编目（CIP）数据

为什么世界不会失控：万物演化中的物理学 /（美）
阿德里安·比赞著；王志宏，吴育慧译 . -- 北京：北
京联合出版公司 , 2020.3

ISBN 978-7-5596-3935-6

Ⅰ.①为… Ⅱ.①阿… ②王… ③吴… Ⅲ.①物理学
－普及读物 Ⅳ.① O4-49

中国版本图书馆 CIP 数据核字 (2020) 第 012323 号

北京版权局著作权合同登记 图字：01-2020-0238 号

为什么世界不会失控：万物演化中的物理学

作　　者　[美]阿德里安·比赞
译　　者　王志宏　吴育慧
审　　订　何　飞
责任编辑　杨　青　高霁月
监　　制　黄利　万夏
特约编辑　路思维　李　莉　常　坤
营销支持　曹莉丽
版权支持　王秀荣
装帧设计　紫图装帧

北京联合出版公司出版
（北京市西城区德外大街 83 号楼 9 层　100088）
天津中印联印务有限公司印刷　新华书店经销
字数 180 千字　710 毫米 ×1000 毫米　1/16　18 印张
2020 年 3 月第 1 版　2020 年 3 月第 1 次印刷
ISBN 978-7-5596-3935-6
定价：59.90 元